国家科学技术学术著作出版基金资助出版

水科学前沿丛书

土壤入渗测量方法

雷廷武　毛丽丽　张　婧　刘　汗　赵世伟　著

科学出版社

北　京

内 容 简 介

本书在介绍不同测量方法的基础上，详细评价优先流对传统环式入渗仪测量精度的影响，进而提出产流积水、产流排水、点源和线源等测量入渗的新方法；阐述各方法的测量原理、过程、计算方法、精度计算方法等；介绍点源和线源自动测量系统、操作使用方法、数据计算与存储；介绍新的测量方法的应用示例：研究降雨强度和初始含水量对土壤入渗的影响，耕层-犁底层入渗连续测量，不同土地利用、季节交替、坡向、坡位和土壤容重对入渗的影响，水质对盐碱土入渗的影响，矿区排土场入渗特征效应等。

本书可供农田灌溉、土壤物理、水土保持、流域产汇流和水环境保护等领域的科技人员使用，也可作为上述专业高年级本科生、研究生和相关教师的参考书。

图书在版编目（CIP）数据

土壤入渗测量方法/雷廷武等著. —北京：科学出版社，2017.3
ISBN 978-7-03-052008-1

Ⅰ.①土… Ⅱ.①雷… Ⅲ.①土壤含水量–下渗–测量方法 Ⅳ.①P33 ②S152.7

中国版本图书馆 CIP 数据核字(2017)第 044494 号

责任编辑：万　峰　朱海燕 / 责任校对：张小霞
责任印制：徐晓晨 / 封面设计：陈　敬

科学出版社 出版
北京东黄城根北街 16 号
邮政编码：100717
http://www.sciencep.com

北京厚诚则铭印刷科技有限公司 印刷
科学出版社发行　各地新华书店经销

*

2017 年 3 月第 一 版　　开本：787×1092　1/16
2019 年 11 月第三次印刷　印张：12 1/4
字数：270 000

定价：128.00 元
(如有印装质量问题，我社负责调换)

《水科学前沿丛书》编委会

（按姓氏汉语拼音排序）

顾　　　问	曹文宣　陈志恺　程国栋　傅伯杰
	韩其为　康绍忠　雷志栋　林学钰
	茆　智　孟　伟　王　超　王　浩
	王光谦　薛禹群　张建云　张勇传
主　　　编	刘昌明
常务副主编	徐宗学
编　　　委	蔡崇法　常剑波　陈求稳　陈晓宏
	陈永灿　程春田　方红卫　胡春宏
	黄国和　黄介生　纪昌明　康跃虎
	雷廷武　李怀恩　李义天　林　鹏
	刘宝元　梅亚东　倪晋仁　牛翠娟
	彭世彰　任立良　沈　冰　王忠静
	吴吉春　吴建华　徐宗学　许唯临
	杨金忠　郑春苗　周建中

《水科学前沿丛书》出版说明

随着全球人口持续增加和自然环境不断恶化,实现人与自然和谐相处的压力与日俱增,水资源需求与供给之间的矛盾不断加剧。受气候变化和人类活动的双重影响,与水有关的突发性事件也日趋严重。这些问题的出现引起了国际社会对水科学研究的高度重视。

在我国,水科学研究一直是基础研究计划关注的重点。经过科学家们的不懈努力,我国在水科学研究方面取得了重大进展,并在国际上占据了相当地位。为展示相关研究成果、促进学科发展,迫切需要我们对过去几十年国内外水科学不同分支领域取得的研究成果进行系统性的梳理。有鉴于此,科学出版社与北京师范大学共同发起,联合国内重点高等院校与中国科学院知名中青年水科学专家组成学术团队,策划出版《水科学前沿丛书》。

丛书将紧扣水科学前沿问题,对相关研究成果加以凝练与集成,力求汇集相关领域最新的研究成果和发展动态。丛书拟包含基础理论方面的新观点、新学说,工程应用方面的新实践、新进展和研究技术方法的新突破等。丛书将涵盖水力学、水文学、水资源、泥沙科学、地下水、水环境、水生态、土壤侵蚀、农田水利及水力发电等多个学科领域的优秀国家级科研项目或国际合作重大项目的成果,对水科学研究的基础性、战略性和前瞻性等方面的问题皆有涉及。

为保证本丛书能够体现我国水科学研究水平,经得起同行和时间检验,组织了国内多位知名专家组成丛书编委会,他们皆为国内水科学相关领域研究的领军人物,对各自的分支学科当前的发展动态和未来的发展趋势有诸多独到见解和前瞻思考。

我们相信,通过丛书编委会、编著者和科学出版社的通力合作,会有大批代表当前我国水科学相关领域最优秀科学研究成果和工程管理水平的著作面世,为广大水科学研究者洞悉学科发展规律、了解前沿领域和重点方向发挥积极作用,为推动我国水科学研究和水管理做出应有的贡献。

刘昌明

2012 年 9 月

前　言

土壤入渗是水分进入土壤的过程，是陆地水循环的重要部分。土壤入渗是联系大气降水、地表水、土壤水与地下水的纽带，它决定了降水在地表、土壤和地下的分配，从而影响地球表面的生物生存过程及其生存环境质量。土壤入渗不仅影响陆地水文过程、生态水文及水土流失，同时也影响化肥、农药等污染物随水分的迁移过程，从而导致面源污染和水环境的恶化。土壤入渗过程是控制自然界水循环的关键环节。此外，土壤水分入渗能力的大小还影响灌溉系统的设计和运行管理、作物水分利用及农田灌溉管理等。因此，研究土壤入渗性能，准确测定土壤入渗率，对调控地表径流、防止土壤侵蚀及减少面源污染等具有重要的理论与实际意义。准确测量土壤入渗性能是定量研究入渗的基础。

本书综合分析并设计相应的试验方法定量评价传统环式入渗仪测量效果，并通过实验验证优先流是影响传统环式入渗仪测量结果精度的主要原因之一。针对传统土壤入渗性能测量方法难以准确获取土壤入渗率的难点，作者结合多年研究成果，提出一套完整的土壤入渗性能测量方法。根据水量平衡原理，利用土壤入渗性能随时间变化过程与地表水流推进过程之间关系，给出降雨与无降雨条件下土壤入渗性能测量装置、测量过程、计算方法；介绍试验测量装置和自动测量系统，及其在室内和野外试验中的应用和取得的一些测量结果。

本书系统阐述土壤入渗性能测量方法的最新研究成果，可为今后相关研究提供基础和借鉴，推进土壤入渗性能相关研究深入开展。全书包括11章。第1章讨论土壤入渗测量方法目前进展和存在问题；第2章和第3章，分别综合分析环式入渗仪测量效果，从理论和试验上分析环式入渗仪测量误差产生的原因。第4章和第5章分别系统阐述产流积水和产流排水方法的测量原理和试验验证方法，并应用该测量方法研究降雨强度和初始含水量对土壤入渗性能影响、不同植被及耕作对土壤入渗性能的影响（杨永辉）。第6章至第8章分别介绍点源和线源测量系统，近似解析模型和平均计算模型，并采用试验对模型进行验证。第9章给出耕层和犁底层土壤入渗连续测量方法的计算原理和装置（孙蓓）。第10章全面介绍点源和线源自动测量系统的构成、操作使用方法、数据计算与存储。第11章系统介绍点源和线源自动测量的野外应用（武高林，杨政，刘芳芳，胡雅琪）。

本书是合作者们多年的研究结果。研究工作得到中国科学院水利部水土保持研究所黄土高原土壤侵蚀与旱地农业国家重点实验室、国家自然科学基金重点项目"黄土区多尺度小流域土壤水蚀动态过程模拟研究"（项目编号：40635027）、"高海拔寒区融水土壤侵蚀机理与过程模拟研究"（项目编号：41230746），中国科学院"引进国外杰出人才"项目"水蚀参数量化研究"（项目编号：982602）和自然科学基金青年基金"降雨入渗测定方法与过程影响因素研究"（51409250）等资助。感谢冯忍、高晓锋、陈萍、苑丽丽在图书校稿过程中给予的帮助。

为提高通读性，本书在编著过程中，模型公式推导尽可能做到详尽，以供读者参考应用。本书可供水土保持、土壤侵蚀、农业灌溉、农作物栽培、水土环境等高等院校相关专业师生和水利、农业、林业等部门的研究人员参考。

有关测量系统的研究和应用正处于不断发展完善之中，加之作者水平有限，书中有不足之处，恳请读者批评指正，也请各位专家、学者提出宝贵意见，以丰富及完善土壤入渗性能新的测量方法。

作　者

2016年11月

目 录

前言
第1章 绪论 ··· 1
  1.1 土壤入渗性能研究的重要性 ··· 1
  1.2 土壤入渗理论研究进展 ·· 2
    1.2.1 土壤水入渗定义 ··· 2
    1.2.2 入渗过程的三个阶段 ·· 2
    1.2.3 土壤入渗率影响因素 ·· 3
    1.2.4 入渗率随时间逐步降低的原因 ······································· 6
    1.2.5 土壤入渗的模型表达 ·· 7
  1.3 土壤入渗测量方法研究进展 ·· 11
    1.3.1 双环入渗仪法 ·· 11
    1.3.2 人工模拟降雨法 ·· 12
    1.3.3 圆盘入渗仪法 ·· 13
    1.3.4 产流-入流-积水测量方法 ·· 14
    1.3.5 降雨径流-入流-产流测量方法 ····································· 14
    1.3.6 线源入流测量方法 ··· 15
  1.4 土壤入渗测量新方法研究意义 ·· 16
第2章 环式入渗仪测量效果研究 ··· 18
  2.1 环式入渗仪测量效果分析 ··· 18
  2.2 优先流对初始入渗过程影响的试验验证 ······························· 20
    2.2.1 试验装置与方法 ·· 21
    2.2.2 试验材料与方法 ·· 22
    2.2.3 试验结果分析 ·· 24
  2.3 数值计算对初始入渗影响的理论分析 ·································· 28
  2.4 数值计算对初始入渗影响的试验验证 ·································· 30
    2.4.1 试验材料与方法 ·· 30
    2.4.2 试验结果与讨论 ·· 31
    2.4.3 结论 ·· 36
第3章 优先流对测量结果影响试验方法 ······································ 38
  3.1 可视化试验装置与测量方法 ··· 38
    3.1.1 试验方法 ··· 39
    3.1.2 数据采集 ··· 39

3.2 土壤剖面湿润土体几何分析 ·· 39
 3.2.1 入渗水分在环内土壤中的运动过程 ·· 39
 3.2.2 土壤入渗率计算 ··· 41

第4章 产流积水测量方法

4.1 测量原理与计算模型 ·· 43
 4.1.1 产流积水法试验原理 ··· 43
 4.1.2 产流积水法试验模型 ··· 44
4.2 试验材料与方法 ·· 45
 4.2.1 试验材料 ·· 45
 4.2.2 试验方案 ·· 46
4.3 试验结果与模型误差分析 ·· 47
 4.3.1 试验结果 ·· 47
 4.3.2 模型误差分析 ·· 49
4.4 入渗率与累积入渗量动态变化过程 ·· 52
 4.4.1 不同坡位入渗率变化过程 ·· 52
 4.4.2 不同坡位累积入渗量变化过程 ·· 52

第5章 产流排水测量方法

5.1 测量原理与计算模型 ·· 55
 5.1.1 产流排水法测量原理 ··· 56
 5.1.2 产流排水法试验模型 ··· 57
5.2 试验材料与方法 ·· 58
 5.2.1 产渗流入渗仪设计及参数测定 ·· 58
 5.2.2 试验材料 ·· 61
 5.2.3 试验方案 ·· 62
5.3 试验结果与模型误差分析 ·· 62
 5.3.1 试验结果 ·· 62
 5.3.2 误差分析 ·· 64
5.4 入渗性能的模型表达与比较 ·· 65
 5.4.1 产流积水方法 ·· 65
 5.4.2 产流排水方法 ·· 66
5.5 降雨强度和初始含水率对土壤入渗性能的影响 ································ 67
 5.5.1 降雨强度对土壤入渗性能的影响 ·· 69
 5.5.2 初始含水量对土壤入渗性能的影响 ·· 72
5.6 不同植被土壤入渗性能比较 ·· 76
 5.6.1 研究地区与研究方法 ··· 77
 5.6.2 结果与分析 ·· 79
5.7 耕作对土壤入渗性能的影响 ·· 82

  5.7.1 研究区域概况 ··· 83
  5.7.2 入渗产流模型及试验方法 ··· 83
  5.7.3 结果与分析 ·· 84
 5.8 半干旱典型草原区退耕地土壤结构特征对入渗的影响 ························ 87
  5.8.1 材料和方法 ·· 87
  5.8.2 结果与分析 ·· 89

第6章 点源和线源入流测量方法 ·· 94
 6.1 模型原理与数值方法 ··· 94
 6.2 试验材料与方法 ·· 97
 6.3 试验结果与误差分析 ··· 98
  6.3.1 入渗性能数值计算结果 ··· 98
  6.3.2 入渗性能测量结果的模型表达 ·· 99
  6.3.3 误差分析 ··· 102

第7章 点源和线源入流测量方法的近似解析模型 ·· 104
 7.1 理论背景 ··· 105
 7.2 近似解析模型推导 ·· 106
  7.2.1 解析模型Ⅰ ·· 106
  7.2.2 解析模型Ⅱ ·· 107
  7.2.3 累积入渗量计算模型 ··· 109
 7.3 模型验证 ··· 110

第8章 平均近似计算模型 ·· 113
 8.1 近似模型方法 ·· 113
 8.2 试验数据验证 ·· 114
 8.3 计算结果合理性分析与结论 ·· 117

第9章 耕层-犁底层土壤入渗连续测量方法 ··· 119
 9.1 设备与材料 ··· 119
 9.2 测量原理 ··· 120
  9.2.1 耕作层地表入渗阶段 ··· 120
  9.2.2 耕层入渗过渡阶段 ·· 122
  9.2.3 犁底层土壤入渗阶段 ··· 122
 9.3 测量步骤 ··· 123
 9.4 结果与讨论 ··· 123
  9.4.1 耕层土壤测量结果讨论 ··· 123
  9.4.2 耕层与犁底层连续测量结果 ·· 126
 9.5 误差分析 ··· 127

第10章 点源和线源自动测量系统 ·· 129
 10.1 自动测量系统构成 ·· 129

- 10.1.1 系统组成原理 129
- 10.1.2 系统部件清单 129
- 10.2 操作使用方法 130
  - 10.2.1 软件安装 130
  - 10.2.2 相机驱动程序安装 130
  - 10.2.3 试验操作步骤 131
- 10.3 数据计算与存储 134
- 10.4 自动测量系统检验流量对入渗的影响 136
  - 10.4.1 材料与方法 137
  - 10.4.2 试验结果与分析 138
  - 10.4.3 误差分析 142

第 11 章 线源入流测量方法的应用 144

- 11.1 不同土地利用和季节交替对入渗性能影响 144
  - 11.1.1 研究区域概况 144
  - 11.1.2 测量方法 145
  - 11.1.3 不同土地利用土壤入渗性能比较 147
  - 11.1.4 季节交替不同土地利用土壤入渗性能比较 149
- 11.2 不同坡向及坡位土壤入渗性能研究 151
  - 11.2.1 不同坡向土壤入渗性能研究 151
  - 11.2.2 不同坡位土壤入渗性能比较 155
  - 11.2.3 结论 158
- 11.3 水质对盐碱土入渗性能的影响 159
  - 11.3.1 试验材料和方法 159
  - 11.3.2 不同灌溉水质对土壤入渗率的影响 160
  - 11.3.3 不同灌溉水质对土壤湿润锋的影响 161
  - 11.3.4 不同灌溉水质对土壤累积入渗量的影响 162
- 11.4 流量和容重对入渗的影响 163
  - 11.4.1 试验材料与方法 163
  - 11.4.2 供水流量对入渗率的影响 164
  - 11.4.3 土壤容重对入渗率的影响 165
  - 11.4.4 土壤容重对累积入渗量的影响 165
- 11.5 矿区排土场人工草地土壤水分及入渗特征效应 166
  - 11.5.1 材料与方法 166
  - 11.5.2 结果与分析 168
  - 11.5.3 讨论 171

参考文献 174

第1章 绪 论

1.1 土壤入渗性能研究的重要性

水是生命源泉，一切生命活动都起源于水，它是人类赖以生存和发展的不可缺少的最重要的物质资源之一。人的生命一刻也离不开水，水是人生命需要的最重要的物质。水资源短缺及水环境恶化是人类面临的重要环境问题，而自然界的水循环是导致这些问题产生的重要因素之一。土壤入渗是联系地表水与地下水的纽带，它决定了降雨在地表、土壤和地下的分配，从而影响地球表面的生物生存过程及其生存环境质量。

地球上的水，在太阳辐射及地心引力的作用下，不断地运动变化，周而复始，形成一个循环。如果将海洋蒸发作为起点，从广大洋面蒸发的水汽升入高空，其中一部分水汽在适当条件下凝结，形成降雨，又落到海洋里；另一部分被气流带到陆地，在一定条件下凝结成降水。降落在陆面的雨雪，一部分重新蒸发回到高空；另一部分经植物截留、地面拦蓄、土壤入渗之后形成地面径流及地下径流，最后又汇入海洋，形成一个闭合的动态系统，称为水循环（高前兆等，2002）。水循环是地球上最重要的物质循环之一，它对地球环境的形成、演化及人类生存都有极其重要的作用。水循环范围很广，向上可达地面以上平均约 11 km 的对流层顶、向下达到垂直地面以下约 1 km 的深处。水循环通过降水、蒸发、入渗、径流等形式进行着水分交换，将地球各圈层联系起来。正是水循环使得陆地淡水资源成为动态可更新能源。随着人类活动对自然界影响的扩大，以及人类对水文循环理解的深入，逐渐认识到水体之间相互转换的每一个环节都可能受到干预而影响整个循环的继续。为此，开展了"三水"（大气水、地表水、地下水）、"四水"（大气水、地表水、地下水、土壤水）和"五水"（大气水、地表水、地下水、土壤水、植物水）等不同水体的水量转换的水文循环理论研究，为开发利用水资源提供了依据（张春玲等，2006）。

土壤入渗（或称渗吸、入渗）描述的是水分进入土壤的过程，是水分循环的重要部分。在降水过程中以及人工灌溉时，水一般都经历了渗透过程。水在土壤中的运动，是在分子力、毛管力与重力的综合作用下寻求平衡的过程。喷灌时一般为非积水入渗，畦灌时为积水入渗，地下灌溉时为负压入渗。降雨时根据其强度的大小产生不同的入渗过程。入渗过程中，各种势能的大小不同，根据占优势的势能梯度，水在土壤中运动的方向也不同。入渗时，如果土壤表面是全部湿润的，水流就只有垂直向下一个方向；如果只有部分土壤表面湿润，如沟灌，水流运动方向既有向下的，也有侧向的。在非常干燥的土壤中，在一个时期中，水分的侧向运动可以很大，和向下的运动差不多（姚贤良和程云生，1986）。

水循环过程不仅影响陆地水文过程、生态水文以及水土流失，同时也影响化肥、农药等污染物随水分的迁移过程，从而导致面源污染和水环境的恶化（蒋定生，1997）。

土壤水分入渗过程是控制自然界水循环的关键环节。此外，土壤水分入渗能力的大小还影响灌溉水的利用效率、作物水分利用以及农田灌溉管理等（辛格，2000）。因此，研究土壤入渗性能、准确测定土壤入渗率，对调控地表径流、防止土壤侵蚀及减少面源污染等具有重要的理论与实际意义（赵西宁和吴发启，2004）。

1.2 土壤入渗理论研究进展

1.2.1 土壤水入渗定义

土壤水入渗是指水进入土壤的过程，通常是通过全部或部分地表向下的流动过程（Bouwer，1986；Hillel，1998）。土壤入渗率是一个计算变量，等于单位时间单位面积入渗的水量，表示特定条件下土壤水入渗速率大小。土壤入渗性能是一定质地结构的土壤所具有的特性，为充分供水条件下单位时间单位面积土壤水最大入渗速率。

土壤对水的渗吸能力常用入渗率 i 或者累积入渗量 I 来定量描述（Scott，2000）。

入渗率 i：土壤通过地表接受水分的通量，即单位时间通过单位面积入渗的水量。单位为 mm/min，cm/d。

累积入渗量 I：在一定时段内通过单位面积的总水量。单位为 mm，cm。

入渗率 i 与累积入渗量 I 的关系可以由式（1.1）表示：

$$i = \frac{\mathrm{d}I}{\mathrm{d}t} \tag{1.1}$$

在入渗过程中，土壤入渗性能受供水强度的影响。当供水强度（即供水速率）小于土壤入渗性能时（如低强度下的喷灌、滴灌和小雨等），土壤入渗由供水速率控制。当供水速率超过土壤入渗性能时，地表出现积水，土壤入渗由土壤的渗吸能力控制。大量试验和理论分析说明，土壤入渗性能随时间而变化。入渗过程中，最初的入渗率 i_0 相对很大，随时间的延长，入渗率 i 逐渐降低，当入渗进行到某一时段后，入渗率 i 稳定在一个比较固定的水平上，即达到稳定入渗率 i_f。稳定入渗率 i_f 与土壤饱和导水率 K_s 相等或相近（视入渗时的压力水头而定）。稳定入渗率 i_f 的大小取决于土壤的孔隙状况、质地、结构和土壤有无裂隙、土表有无结皮等。土壤达到稳定入渗率的时间一般不超过 2～3 小时（秦耀东，2003）。

1.2.2 入渗过程的三个阶段

1. 渗润阶段

当土壤干燥时，水分主要是在分子力作用下渗入土壤表层，被土壤颗粒吸附而成为薄膜水。初期干燥土粒吸附力极大，因而入渗率很大。当土壤含水量大于最大分子持水量时，分子力不再起作用，此阶段结束。

2. 渗漏阶段

入渗水分主要在毛管力与重力作用下在土壤孔隙中间做不稳定运移，并逐步充填土粒孔隙，直到孔隙饱和，此时毛管力消失，这一阶段入渗率因下层毛管力迅速消失而减少很快。前述两个阶段在某些情况下统称为渗漏阶段。两阶段中有一个共同特点就是水是在非饱和土中运动（詹道江和叶守译，2000）。

3. 渗透阶段

当土壤孔隙被水充满达到饱和时，水分只在重力作用下呈稳定流动，或称为稳定入渗阶段。

渗漏是非饱和水流的不稳定运动，而渗透则属饱和水流的稳定运动。两个阶段并无明显的分界，特别是土层较厚时，各阶段可能同时交错进行（王燕生，1992）。

在充分供水的条件下，在土层的最上部有一薄层饱和水层，此时的土壤含水量处于饱和状态。其下土壤含水量迅速减少，称为过渡带。过渡带之下为水分传递带，土壤含水量变化较小，约为饱和含水量的 60%～80%。此带内水分的传递主要靠重力作用。其下为湿润带，其含水量迅速减少。湿润带末端称为湿润锋面，土壤含水量急速变化。湿润锋面是上部湿土与下部含水量较小的土层之间的界面。在干旱、半干旱地区，当土壤透水性较差时，一次降雨后，湿润锋面在地表下 20～30 cm；连降大雨时，锋面可达 80 cm 左右。湿润地区，入渗锋面到达的范围可能稍大一些。但饱和部分一般均在地表下 0.2 m 以内（廖松等，1991）。

渗透现象在实践中很重要，因为渗透强度决定了雨水或灌溉水进入土壤的速度，以及暴雨期间土表产生径流的数量和发生土壤侵蚀的危险程度。如入渗强度很小，植物根层的水分收支将受到影响。要管理好田间土壤的水分状况，掌握有关水分入渗过程及其与土壤性质等的关系的知识是很重要的（雷志栋等，1988）。

1.2.3 土壤入渗率影响因素

我国黄土高原干旱地区，雨量稀少，植被覆盖率小，蒸发量是降水量的几倍甚至十几倍，包气带缺水量很大，很难在一次降雨过程中得到满足，反而常出现超过地面下渗率的局部性高强度、短历时暴雨，故一般以超渗产流为主。对于我国南方大部分地区，在降雨量较充沛的湿润、半湿润地区，地下潜水位较高，土壤前期含水量大，由于一次降雨量大，历时长，降水满足植物截留、入渗、填洼损失后，损失不再随降雨延续而显著增加，土壤基本饱和，从而广泛产生地表径流。此时的地表径流不仅包括地面径流，也包括壤中流和其他形式的浅层地下水产流。而且蓄满产流方式往往不能在山区流域上普遍实现，在平原区则容易发生。在土层较薄的坡脚，由于饱和坡面流的存在，也具有蓄满产流意义。因此，土壤物理性质对于土壤水入渗具有显著影响。

1. 土壤物理性质对土壤水入渗影响

土壤物理性质包括土壤质地、容重、团聚体分布等物理属性。由于土壤是受自然因素（母质、气候、生物、地形与时间）和人为因素共同作用而形成的，不同地区土壤具有许多不同的土壤特性。

土壤质地是土壤固相物质各粒级土粒的配合比例，它通过对土粒的表面能、土壤孔隙尺度和分布的影响，对土壤水分运动的驱动力和水力传导度产生影响，进而影响到土壤水分入渗能力。一般来说，质地越粗，透水性越强（费良军，1999），在相同入渗时间内，粗沙土、粉土和粉质黏土入渗量依次减少。土壤质地越重，黏粒质量分数越高，颗粒越细微，固体相比表面积越巨大，表面能高、吸附能力越强，粒间孔隙越小，吸水、保水性能越强。一般来说,由于重质土壤孔隙比轻质土壤细小,相同土壤结构、含水量和水势梯度条件下,其水力传导度小于轻质土壤。因此,重质土壤的土壤水分入渗能力小于轻质土壤(解文艳和樊贵盛,2004)。研究表明在相同坡度及降雨条件下得出紫色土的稳定入渗率是黄壤的1.22倍,主要是由于紫色土的土壤容重小、孔隙度大造成的。土壤类型影响土壤渗透性能在很大程度上取决于土壤的物理性质,由于不同质地的土壤,其黏粒含量和大小孔隙的数量和比例有很大差别,从而导致湿润锋的运移速度不同,土壤入渗性能之间差异显著(傅涛,2002)。Helaia(1993)对三种不同的土壤(黏土、黏壤土、壤土)进行了50个田间入渗试验,分析了土壤质地与稳定入渗率的关系弱于结构因子与稳定入渗率的关系,特别是有效孔隙率与稳定入渗率的相关性非常显著,达到了极显著水平。

土壤容重是土壤的一个基本物理性质,是土壤在单位体积内排列松紧的程度,它反映了土壤坚实度和孔隙度的大小。对土壤的透气性、入渗性能、持水能力、溶质迁移特征以及土壤的抗侵蚀能力都有非常大的影响(郑纪勇等,2004)。自然条件下土壤容重受成土母质、成土过程、气候及生物作用的影响,是一个高度变异的土壤物理性质。通常由于受放牧及农业机械等压实影响,土壤颗粒受挤压重新排列而使土壤孔隙减少,土壤容重和紧实度增大。土壤容重影响到土壤的孔隙度与孔隙大小的分配,以及土壤的穿透阻力,进而影响到土壤的水肥气热条件与作物根系的生长。通常情况下,土壤紧实度增加,土壤容重越大,土壤孔隙度降低,不利于土壤水渗透。我国学者蒋定生和黄国俊通过对黄土高原入渗试验的结果分析,建立了第1分钟末土壤入渗速率与土壤表层容重的定量负相关关系(蒋定生和黄国俊,1986)。土壤容重越大,渗透能力越弱。吴发启等(2003a)对坡耕地土壤入渗影响因素分析表明,土壤容重越小,土壤入渗速率越大,产流历时越晚。有研究表明,结构疏松的土壤要比紧密的土壤渗透能力大得多,疏松的土壤被压实后,其入渗速率可以减少到压实前的2%(刘贤赵和康绍忠,1999)。

土壤团聚体是土壤结构的基本单位,由土壤胶结成粒状或小团块状,大体呈球形。这种结构在表土中出现,具有良好的物理性能,是肥沃土壤的结构形态,其具有水稳性、力稳性和多孔性。其直径一般为10～0.25 mm,小于0.25 mm的团粒称为微团聚体。土壤团聚体性质则决定了土壤物理结构的好坏。团聚体的稳定性是指团聚体抵抗外力作用或外部环境变化而保持原有形态的能力,包括水稳定性、化学稳定性、酸碱稳定性和生物稳定性。其中,水分是导致团聚体破碎的主要因素,因此,土壤团聚体稳定性的研究,绝大多数是指水稳定性团聚体。蒋定生等(1984)研究指出,土壤稳定入渗速率随着大于0.25 mm 水稳性团聚体含量的增加而增加(蒋定生和黄国俊,1986),大于0.25 mm水稳性团聚体含量是决定土壤稳定入渗率的主导因素。王国梁和刘国彬(2002)研究表明,土壤团聚体的形成,使土壤表面更加疏松,更有利于水分入渗,从而使水稳性团聚体与土壤稳定入渗速率表现为一定的相关关系,但相关系数并不是很高,这是因为在土壤质地均一的前提下,土壤稳定入渗率除受土壤结构影响外,还受土体中有无裂隙等因素影响。因此,土壤团聚体粒径分布及水稳性团聚体含量对于土壤水入渗有显著影响。大于0.25 mm 团聚体含量越高,土壤孔隙结构越好,水流渗透通道越丰富,有利于土壤水渗透。土壤水稳性团聚体含量越高,土壤水入渗过程中,土壤颗粒遇水不易分散,团聚体结构保持良好,水流通道不易受土壤颗粒分散堵塞,有利于提高土壤初始入渗性能及稳定入渗性能。

表层土壤结构对土壤容重,通气性和吸收地表径流,以及水分入渗等都有直接的影响。在土壤水入渗过程中,表层土壤结构对土壤入渗性能的影响大于深层土壤,表层土壤在土壤水入渗过程中容易发生结皮。结皮是受雨滴打击影响,在土壤的最表层形成一种具有低孔隙度、高容重和低导水率的覆盖层(Morin, 1981)。Eigle 和 Moore (1983) 和 Moore (1981) 的研究都表明,土壤结皮对裸地入渗的影响大大超过其他因素的影响,其减少入渗量可达 70%~80%,渗透系数则减少到原来的 4.84%(Philip, 1998; Ruan et al., 2001; Kutilek, 2003)。Mcintyre (1958) 通过对小面积上形成的结皮与其下部耕作层土壤的渗透率的测定,得出耕作层土壤的渗透率是淋入层的 200 倍,是结皮层的 2000 倍的结论。近年来的研究表明,结皮层渗透系数远小于原来土壤剖面的渗透系数,大大减少土壤入渗量,使得结皮层以下很长一段时间都处于非饱和状态,但在不同程度上增强了土壤表层的抗冲能力,即使土壤类型相同,结皮程度的不同也会导致渗透系数的较大差别。吴发启和范文波(2005)研究土壤结皮对降雨入渗和产流产沙影响的结果表明,非结皮土壤的平均入渗率是结皮土壤的 1.25 倍。贾志军和王小平(2002)研究认为,表土结皮对黄土地区坡耕地 50 cm 土层内的土壤含水量有明显影响,打破结皮可使土壤入渗率提高,并有效地抑制和减少水分蒸发,提高土壤保水能力。

2. 土壤水入渗的空间变异性

土壤空间变异性是普遍存在的,其变异主要包括系统变异和随机变异两种。土壤特性的系统变异是由母质、气候、水文、地形、生物、时间、人类活动等引起的,而随机变异是由取样、分析等的误差所引起的。土壤系统变异是人们所关注的主要研究内容,随机变异更依赖于研究技术手段的创新,是不可避免的相对存在。

土壤发生、形成、迁移、沉积、风化、分解等物理化学过程都存在很大差异,造成土壤物理性质的空间变异。植被类型是影响土壤水分入渗的一个重要因素,不同植被类型的土壤入渗能力有很大差异。但植被对土壤入渗不是直接作用的。一方面植被通过自身的发育状况间接地影响土壤孔隙状况、容重、团聚体含量等物理性质,改善土壤结构,从而引起土壤对水分入渗能力的变化;另一方面植被可以调节到达土壤层的降水的数量和时间,降低瞬时间内达到土壤层的降雨量,延长可降雨到达土壤层发生入渗作用的时间,使得土壤层能够更充分地对达到该层的降水进行入渗。森林植被以其独特的方式对土壤入渗性能产生直接和间接的影响(郭忠升等,1996)。一般而言,天然林地土壤疏松、物理结构好、孔隙度高,具有比其他土地利用类型高的入渗速率。潘紫文等(2002)研究表明,天然林地平均入渗率是荒地的 3~4 倍。林地土壤的入渗速率受群落演替阶段、林分类型等因素的影响(余新晓等,2003)。

在黄土高原干旱半干旱地区,土壤入渗性能受土地利用类型影响,而土壤入渗性能通过土壤水入渗过程影响土壤水分分布。因此,不同土地利用类型引起土壤水分空间变异,土壤水分状况对土壤水入渗具有显著影响。目前,关于初始含水率对入渗的影响研究,大多是假定在含水率分布均匀的前提下研究其对入渗速率的影响。有研究表明,Bodman 和 Colman(1944)认为在土壤入渗初期,随着含水率的增加,入渗速率降低;其原因是土壤初始含水率越低,基质势梯度量值越大,需要较多水分进入较大充气孔隙以接近饱和。随着时间的延续，含水率对入渗的影响变小，最终可以忽略不计。刘贤赵和康绍忠（1997）通过对黄土高原沟壑区小流域土壤入渗分布规律的研究，发现土壤初始含水率和积水深度对土坡入渗的都会产生很大的影响，对于同一地形相同植被的土壤来说，初始含水率对入渗的影响起控制作用，不同初始含水率的土壤入渗稳渗值也不相同。还有研究表明，土壤初始含水率与达到稳渗的时间呈负相关的线性关系，但与稳渗率相关性较小，随着土壤初始含水率的增加，坡面产流历时明显提前，初始含水率与坡面产流历时和土壤稳渗速率分别成幂函数关系（吴发启等，2003a）。

在地形复杂的丘陵地区，地形与土壤空间变异有直接的关系。地形影响水热条件和成土物质的再分配，因而不同地形位置有着不同的土壤特性。不同植被类型空间位置包括坡度、坡向以及坡位等，对土壤水入渗都有一定的影响。蒋定生等（1990）研究表明，随着地面坡度和降雨强度的增加，超渗产流的起始时间提前，渗入土壤中的水量随之减少。坡度对降水入渗的影响表现在两个方面，一是降水在坡面上发生再分配；二是随着地面坡度的变化，降水入渗速率呈现明显变化。有人认为在土壤入渗性能较大的坡面上，入渗速率与坡度呈反比关系（陈浩和蔡强国，1990），在土壤入渗性能较小的条件下，坡度与入渗速率关系不明显（王文龙等，1993）。绝大部分的研究都认为坡度变化会引起坡面降雨集水面积变化，导致土壤水入渗再分配过程的差异。有关土壤入渗与坡向、坡位之间的关系研究表明（康绍忠等，1996；黄明斌等，1999；袁建平等，2001b），不同坡向土壤入渗性能存在较大差异，阳坡初渗率大于阴坡，这与其初始含水量低有关；同一坡向不同位置的土壤入渗性能不同，主要是因为各坡向的初始含水率、土壤稳定性及土壤容重从上到下各不相同，从而影响到水分入渗。康绍忠等（1996）认为，在相同植被条件下，坡脚的初始入渗率比坡顶小，但坡脚入渗率随时间而减少比坡顶慢，且稳定入渗率比坡顶大。

1.2.4　入渗率随时间逐步降低的原因

1）吸力梯度的原因

考察土壤表面和湿润锋前沿所建立的 Darcy 方程，$i = -K_s (\Delta H/\Delta Z)$，其中 ΔH 由土壤表面的静水压力水头、湿润锋前沿处的吸力水头和重力水头决定。如果压力水头保持不变，则在同一土壤质地情况下，入渗驱动力（$\Delta H/\Delta Z$）的大小取决于湿润锋前沿处的基质吸力和重力势。入渗一开始，土表入渗处与湿润锋前沿的吸力梯度（$\Delta S/\Delta Z$）相对较大，因而土壤水通量就较大，入渗率 i 较高。随着入渗时间的延续，入渗范围扩大，由于 Z 的加大，相对而言，土表入渗处与湿润锋前沿的水力势梯度（$\Delta S/\Delta Z$）变小，到一定时间，甚至可以忽略不计。这时入渗率 i 由压力水头和重力水头的梯度控制，入渗率 i 趋于稳定。

2）孔隙通道的变化

在入渗过程中，土壤孔隙发生变化，有些通道会被封闭，因而造成入渗率 i 随时间的延续而降低。

3）封闭气泡的作用

开始入渗时土壤中的气体可以排出一部分，随时间的延长，有些气体来不及排出，形成气泡而降低土壤入渗率（Hillel，1998）。

1.2.5 土壤入渗的模型表达

随着土壤水运动理论的发展，人们试图通过对土壤入渗模型中特征参数的对比分析，建立各种模型参数间关系，并建立这些参数与土壤基本特征间关系，从而为获取相关土壤入渗参数提供手段，便于土壤入渗模型的实际应用。

1. Kostiakov 入渗公式

1932 年在对苏联土壤做了大量试验后，Kostiakov（1932）提出以下入渗公式：

$$I = \gamma t^{\alpha} \tag{1.2}$$

式中，I 为从 0 到 t 时段的累积入渗量；γ 和 α 为经验常数。

经验常数 γ 和 α 没有特定的物理含义，一般通过实验数据拟合求得。由土壤入渗率和累积入渗量之间的转换关系，得 Kostiakov 入渗公式的入渗率形式：

$$i = \alpha \gamma t^{\alpha-1} \tag{1.3}$$

2. Horton 入渗公式

Horton（1939）入渗公式如下：

$$i = i_{\mathrm{f}} + (i_0 - i_{\mathrm{f}})\exp(-\beta t) \tag{1.4}$$

式中，i_0 为 $t=0$ 时的初始入渗率；i_{f} 为稳定入渗率；β 为描述入渗率降低速率的一个参数。

由积分求得 Horton 入渗公式的累积入渗量形式：

$$I = i_{\mathrm{f}}t + \frac{i_0 - i_{\mathrm{f}}}{\beta}\left[1 - \exp(-\beta t)\right] \tag{1.5}$$

Horton 认为，入渗率随着时间而减少主要是由土壤表面状况的改变造成的。土壤胶体的膨胀封闭了小的裂隙逐渐封闭了土壤表面，雨滴对裸土土面的打击也是一个重要原因。

3. Green-Ampt 入渗公式

Green 和 Ampt（1911）提出基于毛细管理论的入渗模型。取地表为参照面，向下为正。Green-Ampt 入渗模型的基本假定是，地表土壤水保持常量水力势头 H_0（当地表有积水时，$H_0 = p_0$，当无积水时，$H_0 = h_0$）。将入渗时土壤水分布做了以下简化：入渗时存在明确的水平湿润锋面，湿润锋面将湿润区和未湿润区截然分开，湿润区保持常量的土壤水分参数（K_0，θ_0，D_0，H_0），运动的湿润锋保持常量的基质势头 h_{F}，湿润锋前含水量恒为初始含水量 θ_i。

在这种假定下，土壤含水率分布已经被简化为一种线性分布情况。因此，只要得到湿润锋推进深度随时间变化规律以及累积入渗量的变化过程就可以得到土壤入渗水量随时间变化规律。Green-Ampt 模型的入渗解实际上是将 $D(\theta)$ 近似为 δ 函数的结果。Green-Ampt 模型结合 Darcy 定律和水量平衡原理，推导得到计算土壤入渗率的基本公式：

$$t = \frac{\theta_0 - \theta_i}{K_0}\left[z_{\mathrm{F}} - (S_{\mathrm{F}} + H_0)\ln\frac{z_{\mathrm{F}} + S_{\mathrm{F}} + H_0}{S_{\mathrm{F}} + H_0}\right] \tag{1.6}$$

Morel-Seytoux（1978）指出，Green-Ampt 入渗模型忽略了毛细管对土壤湿润剖面形状的影响以及封闭气泡对土壤入渗率的影响。因此为了克服这个缺点，提出了 Morel-Seytoux 入渗公式，公式引入了一个新的参数 β，参数取值范围一般为 1～1.7，通常取 1.3。具体公式如下：

$$F(t) - F_p - \left[S_f + F_p\left(1 - \frac{1}{\beta}\right)\right] \ln \frac{S_f + F(t)}{S_f + F_p} = \frac{K_s(t - t_p)}{\beta} \quad (1.7)$$

$$S_f = (\theta_s - \theta_i) H_c \left[1 - \frac{1}{3}\left(\frac{\theta_i - \theta_r}{\theta_s - \theta_r}\right)^6\right] \quad (1.8)$$

式中，$F(t)$ 为入渗开始后的累积入渗量；S_f 为累积的一个吸力系数。

王文焰等（2003）提出黄土中 Green-Ampt 入渗模型的改进与验证，根据黄土积水入渗的土壤水分剖面变化特征，仅将饱和层与传导层统一视为饱和区，而将非饱和湿润层的含水量变化视为施加于饱和区的吸力势，从而在具有"活塞模型"之称的 Green-Ampt 入渗模型基础上，推求得到了适用于黄土区的积水入渗模型。该模型不仅可计算累积入渗量及湿润锋深度，而且还可估算出土壤水分剖面分布状况。

提出的基本假定为：

（1）在积水入渗过程中，任意时刻的土壤水分剖面均概化为两部分，即将饱和层与传导层统一视为饱和区，其导水率为 $k(\theta_s)$；而含水量变化较大的湿润层仍视为非饱和区。并假定土壤含水量由饱和含水量 θ_s 至初始含水量 θ_i 的剖面分布以椭圆曲线表示。

（2）大量实验资料表明，随着入渗时间 t 的延长，湿润层的深度范围也随之增大。根据黄土区积水入渗的土壤水分剖面变化特征，可假定湿润区的范围近似等于实际湿润锋深度 L 的一半。因此饱和区的范围也将是实际湿润锋深度 L 的一半，二者均为入渗时间 t 的函数。

（3）在以上假定基础上，对于整个积水入渗过程来讲，土体内的饱和区仍可视为一个活塞流过程。也就是说，饱和区内的入渗水流除受到压力势与重力势梯度的作用外，还受到湿润区吸力势梯度的作用。

（4）代表湿润区作用于饱和区的吸力值 S_m，在初始含水量为非均一的情况时，可根据湿润锋面以上土壤初始含水量的分布情况求其平均值，再通过土壤水分特征曲线确定吸力 S_m。

4. Philip 入渗公式

虽然土壤水流的 Richards 方程很早就已建立，但一直未求得其解析解，主要是因为这一方程是非线性的。1957 年 Philip 用数值方法求解一定边界条件下均质多孔介质的入渗问题，取得了成功。Philip 入渗模型实际是特定条件下 Richards 方程的半解析解，先用解析方法将基本方程变换为常微分方程，再用数值迭代的方法求得 Philip 入渗模型的最终解。

Philip 入渗模型的基本方程采用 Richards 方程的含水量形式：

$$\frac{\partial \theta}{\partial t} = \frac{\partial}{\partial z}\left[D(\theta)\frac{\partial \theta}{\partial Z} - K(\theta)\right] \quad (1.9)$$

并且分成三种边界条件：

第一类边界条件：灌溉模型。通过灌溉使地面湿润，但不形成积水，此时上边界含水量已知，为接近饱和的固定含水量。

第二类边界条件：降雨模型。地表通量已知，但未超过土壤入渗率，不形成积水或地表径流。

第三类边界条件：积水情况。供水强度超过土壤的入渗能力。

1）水平入渗的 Philip 解

水平入渗的 Philip 定解问题如下：

$$\frac{\partial \theta}{\partial t} = \frac{\partial}{\partial x}\left[D(\theta)\frac{\partial \theta}{\partial x}\right] \tag{1.10}$$

$$\theta = \theta_i, t = 0, x > 0$$

$$\theta = \theta_0, t > 0, x = 0$$

$$\theta = \theta_i, t > 0, x \to \infty$$

通过微分变换，基本方程可以变换为

$$-\frac{\partial x}{\partial t} = \frac{\partial}{\partial \theta}\left[\frac{D(\theta)}{\frac{\partial \theta}{\partial x}}\right] \tag{1.11}$$

假定解的形式为

$$x = \eta(\theta)s(t) \tag{1.12}$$

分别对 θ、t 求导，代入到式（1.13）中整理，并利用 Boltzmann 变换得到关系式：

$$\int_{\theta_i}^{\theta_0} \lambda(\theta)\mathrm{d}\theta = -2D(\theta)\frac{\mathrm{d}\theta}{\mathrm{d}\lambda(\theta)} \tag{1.13}$$

利用式（1.13）提供的 $D(\theta)$ 的关系，求得 $\theta(x, t)$，即水平入渗时剖面含水量随时间和距离变化的分布。但是该式只能利用迭代的方法求得该方程的数值解，这也是该解的缺陷。

2）垂直入渗的 Philip 解

垂直入渗的 Philip 定解问题如下：

$$-\frac{\partial z}{\partial t} = \frac{\partial}{\partial \theta}\left[\frac{D(\theta)}{\frac{\partial z}{\partial \theta}}\right] - \frac{\mathrm{d}K(\theta)}{\mathrm{d}\theta} \tag{1.14}$$

$$\theta = \theta_i, t = 0, z > 0$$

$$\theta = \theta_0, t > 0, z = 0$$

$$\theta = \theta_i, t > 0, z \to \infty$$

Philip 设想垂直入渗的解表示为级数形式：

$$z(\theta,t) = \eta_1(\theta)t^{\frac{1}{2}} + \eta_2(\theta)t + \eta_3(\theta)t^{\frac{3}{2}} + \cdots$$
$$= \sum_{i=1}^{\infty} \eta_i(\theta)t^{\frac{i}{2}} \qquad (1.15)$$

分别将以上边界条件及初始条件代入式（1.17）得到级数表达式中各项系数在 θ_0 时刻的值。然后通过利用待定系数法可以依次求解式中的各项系数。该式的级数解收敛比较快，在实际应用中一般取前两项，因此，只要求解出 η_1 和 η_2 就可以了。具体某一时刻的入渗量可以表示为

$$I(t) = \int_{\theta_i}^{\theta_0} z(\theta,t)\mathrm{d}\theta \qquad (1.16)$$

只取前两项，则上式可以写成

$$I(t) = \int_{\theta_i}^{\theta_0} \eta_1(\theta)t^{\frac{1}{2}}\mathrm{d}\theta + \int_{\theta_i}^{\theta_0} \eta_2(\theta)t\mathrm{d}\theta$$
$$= t^{\frac{1}{2}}\int_{\theta_i}^{\theta_0} \eta_1(\theta)\mathrm{d}\theta + t\int_{\theta_i}^{\theta_0} \eta_2(\theta)I(t) \qquad (1.17)$$

引入变量 S 和 A，得到

$$I(t) = St^{\frac{1}{2}} + At \qquad (1.18)$$

由 $i = \dfrac{\mathrm{d}I}{\mathrm{d}t}$，得到 Philip 入渗公式的入渗率形式：

$$i(t) = \frac{1}{2}St^{-\frac{1}{2}} + A \qquad (1.19)$$

式中，S 为吸着力。

修正公式（Ⅰ）：

累积入渗量：$$I(t) = St^{\frac{1}{2}} + K_s t \qquad (1.20)$$

入渗率：$$i(t) = \frac{1}{2}St^{-\frac{1}{2}} + K_s \qquad (1.21)$$

修正公式（Ⅱ）：

累积入渗量：$$I(t) = St^{\frac{1}{2}} + i_f t \qquad (1.22)$$

入渗率：$$i(t) = \frac{1}{2}St^{-\frac{1}{2}} + i_f \qquad (1.23)$$

式中，I 为从 0 到 t 时段的累积入渗量；S 为吸着力，通过试验数据拟合求得；K_s 为饱和导水率；i_f 为稳定入渗率。

很多学者对上述常用模型对试验数据的拟合情况以及模型参数间的关系做了大量研究。Gosh（1980；1983）认为，Kostiakov 经验入渗模型在模拟田间入渗时，拟合较好，尤其是对土壤初期的入渗模拟较好。但是 Kostiakov 入渗公式为纯经验公式，并没有明确的物理基础。其中参数 A、B 为经验常数，没有特定的物理含义。当 t 趋于无穷

大时，入渗率趋于零。这与试验中得到的当时间趋于无穷大时入渗率趋于一个稳定值是有很大差别的。

Horton 入渗模型考虑了土壤表面状况改变以及雨滴对土面的打击作用对土壤入渗性能的影响。但是，Horton 入渗公式也是基于试验提出的经验公式，同样没有明确的物理基础。

Green-Ampt 入渗模型具有明确的物理意义，不仅用于均质土壤入渗过程的模拟研究，而且还可以用于研究层状土、浑水的入渗问题。但是 Green-Ampt 入渗模型假定湿润区的土壤水参数保持常量，是一种线性化的处理结果，与土壤的实际情况不符，而且模型中的一些参数很难直接测得。

Philip 入渗模型具有明确的物理意义，首次提出利用数值方法解决土壤水流问题。但是 Philip 入渗模型忽略了两个导致土壤入渗率降低的重要因素——封闭气泡和入渗期间土壤表面结皮的影响。这导致了 Philip 入渗模型预测的达到稳定入渗率的时间（几天）比实际田间试验观测的达到稳定入渗率的时间（2～3h）要慢。对于长时间的入渗模拟，偏差较大。

许多研究人员（Silburn and Connonlly，1995；Mbagwu，1995）通过室内和野外的试验验证、对比了这几个较经典的入渗公式和入渗模型，其中 Kostiakov 入渗公式与野外测量的结果模拟效果比较好，Green-Ampt 入渗模型对参数的精度要求较 Philip 入渗模型低（王全九等，2002）。

1.3　土壤入渗测量方法研究进展

目前测定土壤入渗率的方法主要有双环入渗仪法、人工模拟降雨法、圆盘入渗仪法、产流-入流-积水法，降雨径流-入流-产流法、点源和线源测量方法。

1.3.1　双环入渗仪法

Bouwer（1986）描述了现在广为使用的双环入渗仪。Prieksat 等（1992）与 Milla 和 Kish（2006）提出了改进装置。双环入渗仪主要设备：内环和外环，如图 1.1 所示。双环法即大渗透筒法。内筒直径一般为 30 cm（或更大一些）、高为 20 cm，外筒直径一

图 1.1　双环入渗仪

一般为 60 cm（或更大一些）、高为 20 cm。在测土壤入渗率时，需先将内、外两个同心圆环压（砸）入土壤中 10～15 cm，并保持环口水平。然后将水注入两环内且保持约 5 cm 的固定水深。内环区域为试验测定区，外环与内环之间的区域用于防止内环的侧渗，以维持测定区内的下渗水流近似一维垂直入渗。内环在单位时间、单位面积上的入渗水量即为土壤入渗率。为了提高双环入渗仪的操作方便性，Prieksat 等（1992）对双环法的试验装置进行了改进，在传统双环试验装置的基础上增设了马氏瓶、传感器和伽马射线仪等，从而提高了自动测量水平和测量精度，并缩短了测定时间。王富庆和沈荣开（1998）采用液位继电器、电磁阀和数据采集器等，组成了智能化环式土壤入渗特性测量系统。Milla 和 Kish（2006）通过红外传感器及单片机，对传统双环入渗仪的测量自动化进行了改进。

1.3.2 人工模拟降雨法

Odgen 和 Van Es（1997）、Peterson 和 Bubenzer（1986）报道了模拟降雨法进行入渗测量的装置。人工模拟降雨法装置如图 1.2 所示。依据天然降雨情况，人为地将水喷于试验区内（冯绍元等，1998），在维持均匀不变的降雨强度条件下，观测试验区地表径流过程，从而分析出土壤入渗过程。这种方法称为人工降雨法。Singh 等（1999）提出了改进方法。用人工降雨量和观测的径流资料推求入渗率曲线时，降雨径流和入渗关系可写成下式：

$$P - R = F + V_d + D_a + I_s \tag{1.24}$$

式中，P 为降雨量；R 为地面径流量；F 为入渗量；V_d 为洼地积水量；D_a 为地表滞水量；I_s 为植物截留水量。以上各量均为累积值，单位为 mm。

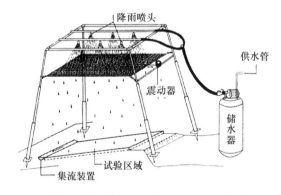

图 1.2　人工模拟降雨法测量土壤水入渗

如果选择试验区地表无坑洼及大量植物，则式（1.30）中 V_d 与 I_s 可忽略不计，又因 D_a 数值一般不大，其变化率更小，故可直接由降雨率及径流率求出入渗率，即

$$f = i - r \tag{1.25}$$

式中，i 为降雨率，mm/h；r 为地面径流率，可由 m³/s 的单位根据地区面积换算成 mm/h；f 为入渗率，mm/h。

该方法受雨强的限制，在土壤入渗初期入渗率等于降雨强度，无法观测到土壤初始很高的入渗能力；当雨强较大时，由于土壤的快速湿润会形成地表结皮（Levy and Levin，

1994，1997；Mamedov et al.，2001），雨滴对地表的打击作用又会破坏土壤结构（Morin and van Winkel，1996；Al-Qinna and Abu-Awwad，1998；Aneau et al.，2003）。由人工降雨器测量得到的土壤入渗性能曲线示意图（图 1.3）。

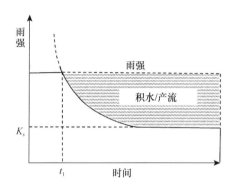

图 1.3 人工降雨器测量得到的土壤入渗性能曲线

另外，众多研究（Singh，1988；Morin and van Winkel，1996）表明，降雨和径流双重作用引起的土壤侵蚀会因为土壤侵蚀对土壤孔隙的填充作用和水流泥沙在地表的沉积作用而形成地表结皮或封闭。地表结皮将导致土壤入渗率降低和径流增加。

1.3.3 圆盘入渗仪法

Dixon（1975）首先提出了一种可以测量土壤孔隙率的封闭环入渗仪。之后，Topp 和 Zebchuk（1985）简化了该方法。圆盘入渗仪主要由蓄水管、恒压管（恒压管是依据马氏瓶原理起恒压作用的）和渗水圆盘组成。圆盘入渗仪利用初始入渗率和稳定入渗率来区分受毛管力及重力所控制的土壤入渗流量。此外，通过选择水压的大小，可以计算出与入渗过程有关的土壤孔隙的大小。在入渗初期，水流首先要在地表形成一定深度，土壤先进行有压入渗，之后将压力调节为负压。Dirksen（1975）提出了利用陶土盘测量土壤吸力的试验仪器。在此基础上 Clothier 与 White（1981）设计出了可以在土壤表面提供恒定负压的吸力管。Perroux 和 White（1988）对吸力管做了进一步改进，并提出了圆盘入渗仪，其装置如图 1.4 所示。

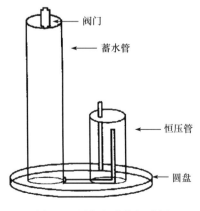

图 1.4 圆盘入渗仪组成图

1.3.4 产流-入流-积水测量方法

人工模拟降雨过程中，地表径流推进距离随时间变化的过程，反映了入渗率随时间变化的过程。Lei 等（2006b）提出了一种新的产流积水法测量土壤入渗性能的方法。该方法利用水量平衡原理，设计了相应的测量装置，如图 1.5 所示。

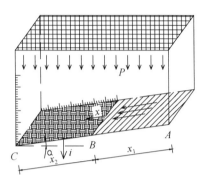

图 1.5　坡地土壤降雨入渗率测定方法示意图

该测量系统将坡面分为两部分，坡面的上半部分用不透水材料覆盖，这部分土壤不发生入渗过程，只是将降雨直接用来产流；下半部分为裸露的地表，在该段坡面上，土壤除入渗直接的降雨外，还入渗坡面上部产流面产生的径流。在入渗过程的最初阶段，入渗坡面可以在很短的距离内将产流面的水流以及本身的降雨量直接渗入土壤，随着时间的延长，入渗坡面的入渗率逐渐降低，水流不断向前推进，随着降雨时间的进一步延长，当坡面土壤的入渗能力不足以入渗全部的降雨和/或叠加的径流，直至不能入渗直接降雨本身时，坡面下部便开始积水。当坡面的下部出现积水时，积水的深度随着土壤表面的入渗能力的降低而升高。这种升高的速度可以用于估计坡面积水后土壤的入渗能力（潘英华，2004）。

为推导该测量方法相应的计算模型，提出如下基本假设：

（1）降雨入渗过程中，由于降雨历时较短、相对湿度较大且室内无风的影响等原因，所以土面蒸发在此实验条件下可忽略不计。

（2）极表层土壤在降雨开始的很短时间内即达到饱和，入渗率大小与入渗量无关，而仅与降雨历时有关，即在整个坡面上累积入渗量大与累积入渗量小的地方土壤水分的入渗能力遵循同一条曲线。

（3）当处于积水情况时，因积水深度很浅，可忽略积水处与无积水处的入渗能力的微小差异，即假定此时整个坡面的入渗均可视为无压入渗的情况，以便确定土壤入渗的整体趋势。

在这三项假定的基础上，将入渗模型分坡面上出现积水前的入渗模型和坡面上出现积水后的入渗模型，分别进行求解。试验结果证明，该测量方法测量结果误差满足使用要求，能够克服一般人工降雨法受降雨强度限制而不能测量初始很高的土壤入渗性能的缺点，能够测量土壤降雨入渗性能变化的全过程，但是观测径流推进距离有待改进。

1.3.5　降雨径流-入流-产流测量方法

为了进一步改进产流-入流-积水土壤入渗性能测量方法，雷廷武等（2006）提出径流-入流-产流测量方法。如图 1.6 所示，该测量系统包括人工模拟降雨器，下垫面不透水覆盖材料及径流收集口。

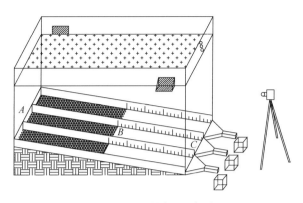

图 1.6 测量原理示意图

图中 AB 段为降雨汇集产流面，该段经处理（如覆盖不透水材料）后入渗率为 0，全部降雨汇集形成径流。BC 段为降雨和径流向土壤中入渗的坡段，在该段坡面上，土壤除了入渗直接降雨外，还入渗由上段流入的径流水量。初始时，土壤具有很高的入渗能力，入渗坡面不仅入渗直接降落的雨水，而且还将产流面上产生的径流在很短的距离内渗入土壤之内，径流在坡面上方推进很短距离。随着降雨过程的推移，土壤入渗能力逐渐降低，土壤除入渗直接降雨外，将需要较长的坡面入渗同样的径流，即随着降雨持续，径流将随着土壤的入渗能力下降而在坡面上向前推进。产流面产生的径流一方面满足了初始时土壤入渗能力大、需要补充供水才能测得其量值的要求；另一方面，径流在坡面上随时间推进的过程也反映了坡面土壤入渗能力随时间延长而减低的规律。随着降雨时间的延长，当坡面土壤的入渗能力不足以入渗全部的降雨和/或叠加的径流，坡面产生径流，流出坡面。当坡面下部产流后，产生的出流径流随着土壤表面入渗能力的降低而增加。出流随时间变化的速度表征了土壤入渗能力的降低的过程，可以用于估计坡面产流后土壤的入渗能力。

为了计算土壤的入渗能力，做出如下假定：

（1）降雨入渗过程中，由于降雨历时较短和空气的相对湿度较大等原因，将土面蒸发忽略不计。

（2）入渗能力的大小与入渗的水量无关，而仅与降雨历时有关，即累积入渗量大的地方和累积入渗量小的地方土壤水分入渗能力遵循同一条曲线。

在上述测量原理和假定的基础上，将入渗计算模型分为两部分：径流推进阶段的入渗计算模型和坡面产生径流出流时的入渗计算模型。该方法提供了一种能够在坡地上使用、测量降雨和径流影响下土壤入渗性能动态变化过程的新途径。具有很高的精度，而且克服了双环入渗仪初期供水受限制以及引起土壤崩解导致入渗性能下降的缺点，能够完整地测量出降雨条件下土壤入渗性能曲线。

1.3.6 线源入流测量方法

雷廷武等（2006）提出无降雨条件下线源入流土壤入渗性能测量方法。如图 1.7 所示，该测量系统包括稳定供水器、线源布水器及数码相机。稳定供水器根据马氏瓶原理，提供稳定水流。线源布水器采用吸水性能强的海藻棉，使稳定水流呈线性出流。数码相机用于拍摄记录线性水流地表湿润面积随时间变化过程，具有结构简单、操作简便、省水、省力等显著优势，非常适合野外测量使用。

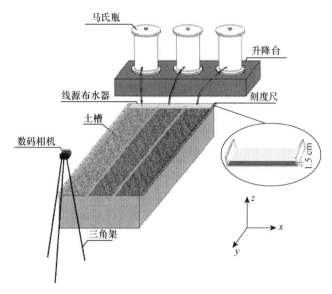

图 1.7　线源入流土壤入渗性能测量方法

1.4　土壤入渗测量新方法研究意义

土壤水分入渗是田间水循环的重要部分，它决定了雨水或灌溉水进入土壤的速度、暴雨期间土表产生径流的数量和发生土壤侵蚀的危险程度（Warren and Lewis，1995）。土壤入渗率是衡量土壤入渗性能的主要量化指标（Hillel，1998；Scott，2000）。土壤入渗能力与土壤质地、土壤结构、土壤含水量以及地面坡度等因素有关。土壤入渗率的测定一直受到水文、生态、农学、灌溉、土壤侵蚀、土壤物理等领域的国内外科研工作者的广泛关注。20 世纪初期，与自然界水循环有关领域的科学家已经开始关注土壤入渗问题。早期的一些学者如 Green 和 Ampt、Kostiakov、Horton、Philip 等先后提出了定量表述土壤入渗能力的 Green-Ampt 土壤入渗模型、Kostiakov 土壤入渗模型、Horton 土壤入渗模型及 Philip 土壤入渗模型。在此基础上，相继出现了各种测定土壤入渗率的方法，如模拟降雨法、双环法、圆盘入渗仪法等（Peterson and Bubenzer，1986；Bouwer，1986；Perroux and White，1988）。

因受降雨强度的限制，模拟降雨法能够测定的最大土壤入渗率为降雨器的降雨强度，且无法测定初始土壤入渗能力。当降雨强度较大时，雨滴对土壤表面的打击作用及土壤的快速湿润会导致地表结皮的形成（Levy and Levin，1994；1997），从而降低土壤入渗率、增大径流量。圆盘入渗仪是在负压条件下测定土壤入渗率的一种设备（薛绪掌和张仁铎，2001）。由于是在维持一定的负压条件下向地表供水，因此圆盘入渗仪测定的水分渗入土壤的速率小于地表自由积水时的入渗率。此外，圆盘入渗仪的入渗面积较小，代表性较差（许明祥等，2002）。且由于试验过程中的侧渗以及圆盘与土壤接触面间的水力连续性差，影响其测定结果的准确性。圆盘入渗仪不能测定自由积水土壤表面的入渗过程和土壤初始入渗速率。圆盘入渗仪不能用于坡地。

双环入渗仪测定的是土壤的有压入渗率，而土壤入渗率概念从未对水压大小进行定义，因此双环入渗仪测定原理本身就存在一定的模糊性。双环入渗仪一般只适用于地表基本水平的条件。当测定坡地的土壤入渗率时，需将被测地面人工铲平后方可进行，这样不可避免地破坏了土壤结构的原状性以及坡面的连续性。然而，不论测定平地还是坡地的土壤入渗率，都需要将双环入渗仪压入土内，这样不仅会对表土结构产生破坏，同时也常因压力不均而导致铁环与土体之间接触不良，从而导致测定结果偏离其真实值。大量研究结果表明，采用双环入渗仪测定的土壤稳定入渗率一般是人工降雨法测定结果的 2~10 倍。

因此，探求新的土壤入渗性能测量方法，对于与土壤入渗的相关研究具有重要意义。

第 2 章　环式入渗仪测量效果研究

2.1　环式入渗仪测量效果分析

量化土壤入渗性能对于理解和描述水文模型具有重要的意义，它是坡面水文过程的研究基础。土壤的入渗能力与土壤质地、结构、地面坡度、土壤剖面含水量等因素有关。并且土壤具有较高的初始入渗性能，而后随入渗时间的推移而逐渐降低，最终趋于一个常数——稳定入渗率。土壤稳定入渗率是衡量土壤入渗性能的重要指标，也是量化土壤入渗能力的基础。

土壤入渗率的测量一直受到国内外学者的广泛关注。Green 和 Ampt、Kostiakov、Horton、Philip 等分别在入渗测量定量研究的基础上，通过理论分析分别提出了著名的 Green-Ampt 入渗模型、Kostiakov 入渗模型、Horton 入渗模型及 Philip 入渗模型。此后，土壤入渗的研究，一直受到农学、水文、生态、灌溉、土壤侵蚀、土壤物理等各领域的广泛关注。相继出现了各种测量方法，如模拟降雨法、双环法、圆盘入渗仪法、水文法等（Peterson and Bubezer，1986；Bouwer，1986；Perroux and White，1988）。此外，袁建平等（1999）研制了一套便携滴头式野外坡地土壤入渗产流试验装置，雷廷武等（2005，2006）提出了产流-入流-积水法及径流-入流-出流土壤入渗性能测量方法。

模拟降雨法受雨强限制，能够测量得到的最大入渗率为降雨器的降雨强度，无法观测到很高的初始土壤入渗能力。而且当雨强较大时，雨滴对土壤的打击作用及大雨强对土壤的快速湿润会造成地表不确定性结皮，导致土壤入渗率降低和地表径流增加。雨滴对地表的打击作用会破坏土壤结构，测量结果不能真实地反映土壤入渗能力。圆盘（负压）入渗仪是在负压下进行入渗的仪器，设计用于测量非饱和导水率和土壤导水参数。水渗入土壤的速率低于地表自由积水入渗。产生这种现象的原因是，圆盘入渗仪维持一定的负压向地表供水，因此产生的导水率一般略低于饱和导水率。所以一般情况下，用双环法或单环入渗仪确定土壤的饱和导水率。在圆盘式入渗仪测量法中，水在低于大气压下渗入土壤。然而，由于环式入渗仪在入渗环中维持有一定的积水深度，所以导致测量的饱和导水率可能偏高。但采用圆盘（负压）入渗仪时，由于负压的作用，水不会进入土壤裂隙或根孔与虫孔，只在土体内入渗。因此可以测量得到的结果更完整。但圆盘入渗仪入渗面积较小，代表性较差，而且试验过程中侧渗和圆盘与土壤接触面间的水力连续性差，影响测量精度，并且不能测量得到大于零的土壤吸力下土壤表面的自由入渗过程，更不能测量得到很高的土壤初始入渗速率。降雨产流-入流-积水法和径流-入流-出流法克服了一般人工降雨法受降雨强度限制不能测量很高的初始土壤入渗性能的缺点，提供了一种能够在坡地上使用、测量降雨和径流影响下土壤入渗性能动态变化过程的新途径，能够测量土壤降雨入渗性能变化的全过程，由于降雨强度可以较常规的人工降雨方法降低，雨滴打击和快速湿润土壤的过程得到一定的缓解。但受降雨的影响观测径流推进距离的方法有待改进。

在上述测量方法中，环式入渗仪由于入渗模型概念清晰，计算简单，设备成本相对较低，可以方便地进行野外测量，目前应用最为普遍，也是最为经典的测量方法。在土壤饱和导水率、土壤水分特征、小流域水土保持综合治理对土壤入渗性能影响，耕作土与荒化土土壤水分入渗特征的分析，典型森林生态系统土壤水文特征，不同土地利用方式对土壤水分入渗特征的影响等研究中，研究者均采用双环入渗仪测量土壤入渗率。

环式入渗仪包括双环入渗仪和单环入渗仪。由于两者测量原理和性能基本一致，本章将其统一称为环式入渗仪。

Bouwer（1986）描述了现在广为使用的双环入渗仪。双环入渗仪由内环和外环组成。内环直径一般为 30 cm、高为 20 cm；外环直径一般为 60 cm、高为 20 cm。其测量原理为，将两个圆环同心地砸入土壤，插入深度一般为 10～15 cm，并应注意环口水平。然后将水注入两个环内，内外保持约 5 cm 的固定水深，内环控制试验面积，并可以辅用测针做固定标记，外环的作用是防止内环下渗水流的侧渗，尽量使内环的水分接近一维入渗。试验开始时，土壤含水量较小，土壤入渗率较高且变化较大，先采用定量加水法，记录加水时距；后采用定时加水法，记录内环加水数量和时距。外环同时加水，不计量，但应注意内外环水面大致相等。内环单位时间单位面积的入渗水量即为测量得到的土壤入渗率，并可由各时刻的入渗率绘制入渗性能曲线。采用环式入渗仪，要求地表基本水平，在测定坡地土壤入渗率时，需将被测地面整理成基本水平后方可测定。因此，环式入渗仪不适用于坡地土壤入渗率测定，如平整地表进行测量，将不可避免地破坏土壤的原状性，坡面的连续性也遭到破坏；而且在环入土时，对土壤（尤其是表土）结构产生破坏，造成测量结果偏离真实值。

大量现有研究文献表明，采用环式入渗仪测量的土壤稳定入渗率一般是人工降雨法测量结果的 2～10 倍。丁文峰等（2007）用双环入渗仪测量了秦巴山区小流域水土保持综合治理影响下的土壤入渗率，结果为：鹦鹉洲农地稳定入渗率最大为 156 mm/h、最小为 12 mm/h，相差 13 倍；林地最大为 266 mm/h、最小为 144 mm/h，相差约 2 倍。西沟流域农地和荒地的最大与最小稳定入渗率分别相差约 11 倍和 6 倍。林代杰等（2010）研究了不同土地利用方式下土壤入渗特征，土壤质地为含 37.87%沙粒（>0.02 mm）、29.00%粉粒（0.02～0.002 mm）、33.13%黏粒（<0.002 mm）。结果表明，红叶李树林的初始入渗率高达 1600 mm/h，为前 3 分钟的平均入渗，实际初始入渗应远大于此。其稳定入渗率约为 300 mm/h。如此高的入渗率，土地利用方式影响下的土壤结构良好、大孔隙（根孔、虫孔等）及入渗环侧壁优先流可能都有贡献。对后两者未讨论。蒋定生（1997）报道黄土高原耕地环式土壤入渗试验得出的入渗率测量结果为 300 mm/h，而人工降雨法对相同耕地的测量结果为 30 mm/h，二者相差约 10 倍。吴发启等（2003b）对比环式入渗仪和人工降雨法，环式入渗仪测定的土壤稳渗速率大于人工降雨法测定结果，在黄土高原沟壑区环式入渗仪测定的稳定入渗率是人工降雨法测定结果的 1.8～3.0 倍，在黄土丘陵沟壑区为 2.1～3.2 倍。王翠萍等（2009）用环式入渗仪进行了黄土地表生物结皮对土壤入渗特征影响的研究，结皮土壤的稳定入渗率为 150 mm/h，未结皮土壤的稳定入渗率为 100 mm/h。其入渗率为吴发启（2003b）用环式入渗仪测量的无结皮结果的 2～3 倍，是其人工降雨测量无结皮土壤结果的 5～9 倍。尽管土地利用方式不同，但他们采用的土壤类型极其相似。同时，大量研究表明，有结皮土壤的（稳定）入渗率应该显著

低于无结皮的土壤（Fattah and Upadhyaya，1996；Li et al，2005）。蒙宽宏（2006）的研究结果表明，在坡度为0°、5°、10°和20°的土地上，双环入渗仪的测量结果分别为人工降雨法的2.6倍、2.8倍、6.4倍和3倍。另有研究者的研究结果表明，环式入渗仪测量结果为环刀法测量结果的2~4倍。上述现象说明环式入渗仪测量过程中存在较大的测量误差，现有研究对这种误差关注较少。目前，对环式入渗仪测量结果准确性的研究主要集中在环内水头、插深、双环入渗仪缓冲指标等入渗率测量结果的影响（冶运涛等，2007；来剑斌等，2010）；对于环式入渗仪测量结果自身的高度变异及其与测量结果相对的模拟降雨法及原状土环刀法之间的差异的研究报道较少。

采用环式入渗仪进行测量，将入渗环砸入土体的过程中，对土壤结构产生一定程度的破坏，环和土体之间可能出现一定的缝隙，形成了土壤水入渗过程中的优先路径；由于环式入渗仪为有压入渗，也会增加测量得到的入渗率。优先流水分通量远远高于Darcy水流，会在很大程度上增加水分运动通量（程金花等，2007；Mosley，1982），造成测量得到的入渗率增加。优先流的产生可能是环式入渗仪测量结果远远偏离土壤实际入渗率的重要原因。

2.2 优先流对初始入渗过程影响的试验验证

降水通过地表进入土壤的过程为入渗。土壤的入渗性能与作物水分利用、灌溉管理、土壤侵蚀（蒋定生，1997）、土壤水分与溶质运移等方面密切相关。因此土壤入渗过程的定量描述具有重要意义。土壤入渗率的测量是定量研究土壤入渗性能的基础，长期以来受到国内众多学者的广泛关注。目前，土壤入渗率测量方法较多，如环刀法、圆盘入渗仪法（Perroux and White，1988）、模拟降雨法（Ogden and Van Es，1997）、降雨入流-产流-积水和降雨入流-产流-出流测量方法（Lei et al.，2006）、双环法（Bouwer，1986）等。其中Bouwer论述的环式入渗仪，由于入渗模型概念清晰，计算简单，设备成本相对较低，可以方便地进行野外测量，是目前应用非常普遍，同时也是很经典的测量方法（Bouwer，1986；Bodhinayake et al.，2004）。它已在水文水循环过程、水土保持治理、生态系统土壤水文过程、灌溉及面源污染控制等研究领域得到广泛应用（刘继龙等，2007；丁文峰等，2007；Fattah and Upadhyaya，1996；Diamond and Shanley，2003；Moroke et al.，2009）。但大量研究文献表明，采用环式入渗仪测量的土壤稳定入渗率远高于人工降雨法的测量结果。雷廷武等（2013）认为将入渗环砸入土中的过程产生震动，对土壤结构产生一定程度的破坏，环壁和土壤间可能会形成一定的缝隙，提供了水分入渗过程的优先路径，造成环式入渗仪测量结果比土壤真实入渗性能偏高。但是优先流对土壤入渗性能的具体影响过程及对初始入渗率的影响大小目前还不明确。目前研究者大多是对环式入渗仪测量自动化及操作便捷性进行改进，提高环式入渗仪测量的自动化程度，但是对入渗率测量结果准确性的关注较少。环式入渗仪测量结果的准确性研究主要集中在环内水头、插深、双环直径、双环入渗仪缓冲指标等（冶运涛等，2007；任宗萍等，2012；Lai et al.，2010a，2010b）对测量结果的影响；对于环式入渗仪测量结果与测量结果相对稳定的模拟降雨法及原状土环刀法之间的差异研究报道较少。

针对环式入渗仪可能存在的缺陷，本章提出一种新的测量装置和试验方法，检验环式入渗仪测量土壤初始入渗率的效果；给出应用该装置进行试验的操作方法，并进行入渗试验；用试验现象分析环式入渗仪产生测量误差的原因，并估算误差大小。

2.2.1 试验装置与方法

环式入渗仪测量结果偏大的原因之一，可能是由于打击入渗环入土的过程中圆环产生震动，造成环、土分离，产生缝隙，提供了沿环壁产生优先流的路径，导致水分不仅仅由地表进入土壤形成垂直一维入渗，而是由地表垂直入渗和由环壁侧向入渗共同作用构成环内土壤入渗。

为验证上述假设，设计一种试验方法，在入渗进行一定时间后，切挖土壤剖面，观测入渗水分在土壤剖面中的分布，揭示环内真实的入渗过程。为进行上述试验，设计了如图 2.1 所示的试验装置。入渗环按照标准尺寸制作（李智广，2005），入渗环厚度为 2.5 mm，直径为 35 cm，高为 20 cm。将入渗环过中心轴剖分成 2 个半环，在 2 个半环上焊接有螺孔的连接板，2 个连接板之间放宽 1.5 cm、长 20 cm 的橡胶条，防止渗水；用螺栓连接 2 个半环组成入渗环。安装入渗环时，先在入渗环连接板所处的位置，用取土器在两侧各预挖 1 个孔，便于连接板和其上的螺栓不妨碍入渗环的安装。入渗结束后，挖开入渗环外土壤，拧开螺栓，使得入渗环 2 瓣分开，从而可以去除入渗环。用切刀剖切环内土体，观测入渗水分在土体内的分布范围，确定水分入渗范围，估计入渗特征。

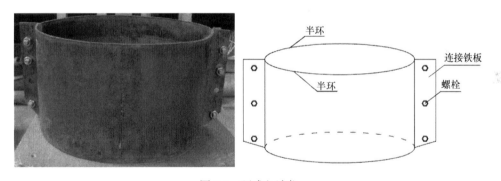

图 2.1　环式入渗仪

入渗环入土过程中打击入渗环的能量不同，可能会影响环的震动差异，影响形成的缝隙大小。为保证每次打击入渗环的能量可以控制，设计如图 2.2 所示的砸入装置。该装置由导管、铁锤止动板和铁锤组成。导管用 PVC 制成，直径为 74 mm，管壁厚为 3 mm，高为 105 cm，起引导铁锤运动的作用。在离顶部 5 cm 处开有插口，用于放入铁锤止动板。在导管的底部开有高 20 mm、宽 2.5 mm 的开口，方便导管卡在入渗环上起固定作用。铁锤止动板为厚 5 mm 的铁板，头部做成半圆，直径略小于导管，为 67 mm，后部为矩形，宽 60 mm，长 74 mm。试验时，将铁锤止动板插入插口，铁锤放到止动板上，当抽出止动板时，铁锤下落，从而保证每次铁锤都从相同的高度自由落体打击入渗环，即每次砸到入渗环的能量相同。铁锤直径均为 60 mm，质量分别为 1 kg、2 kg、4 kg。

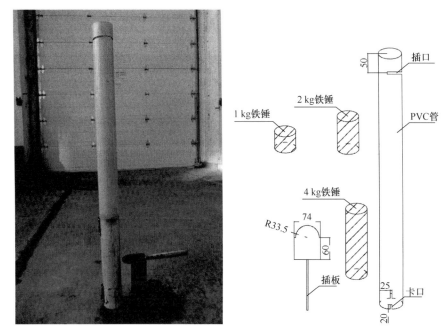

图 2.2　砸入装置
图中数字单位为 mm

2.2.2　试验材料与方法

1. 试验材料

供试土壤为粉壤土（黏粒 15%，粉粒 50.2%，砂粒 34.8%）。在 2 m×0.75 m×0.5 m 的土槽内，装土容重分别控制在 1.2 g/cm³、1.3 g/cm³、1.4 g/cm³，每 5 cm 为一层分层装入。按设计容重计算土壤质量，将称重后的土壤放入土槽用耙子整平，再压实到 5 cm 画线处。在装入下一层土壤之前，先将前次装入的土层用工具打毛，以避免上下土层之间出现结构和水动力学特性突变等内边界。整个土槽的装土深度为 35 cm，初始含水率大约为 11%，约为此土壤 50%的田间持水量。

2. 试验方法

1）安装入渗环

将连接好的入渗环放在被测土壤选定的位置，在两个半环连接板位置处做标记，然后移走入渗环，用土钻在标记处打孔，方便入渗环砸入。再将入渗环放回，半环连接板处于已经打好孔的位置。两套砸入装置同时使用。将两个 PVC 导管铅直放在入渗环沿直径对称方向上，待管底开口卡在入渗环上。在导管上部开口处插入止动板，将选定质量的铁锤放在止动板上。在抽出止动板后，两个铁锤自给定高度自由落体同时砸到入渗环上。重复以上操作，直到入渗环砸入土壤的深度达到 15 cm。

2）开挖环外土壤

将环外的土壤挖开，开挖深度为 14 cm，便于试验结束后立即拆卸入渗环，开挖土壤剖面以观测入渗水分在土壤中的分布或运动状况。而后向环内土壤表面供水。

3）灌水进行试验

向环内注水时，在土壤表面铺上纱布，以尽量减少加水时水流对土表的冲刷。2L水一次性加入环内进行入渗。当水分入渗结束时，立即拧开入渗环上的螺栓，拆卸并移出入渗环。并立即用切刀剖切环内土体，观察入渗水分在环内土壤中的分布。

将环式入渗仪砸入土中测量入渗率的方法称为砸入法。为对比砸入法与入渗环内回填土壤模拟理想一维入渗获得的土壤剖面湿润状况，同时在组装好的入渗环内直接填土，进行入渗试验。填土完成后，在入渗环内土壤表面铺上纱布，向环内一次性加入2L水，进行入渗。入渗完成后，拧开螺栓，取出入渗环，剖切土壤，观测环内填土获得的土壤剖面湿润状况。用皮尺量取土壤剖面的垂直入渗深度，与砸入入渗环获得的土壤剖面湿润状况进行对比。

试验采用3种土壤干体积容重（分别为 1.2 g/cm^3、1.3 g/cm^3、1.4 g/cm^3）、3种打击能量（铁锤质量分别为 1 kg、2 kg、4 kg）。每个试验设 2 个重复。

由 Green-Ampt 模型计算得到 2 L 水湿润 1.2 g/cm^3 的土壤深度约为 5 cm；湿润 1.3 g/cm^3 的土壤深度约为 5.5 cm；湿润 1.4 g/cm^3 的土壤深度约为 6 cm。因此，选择采用 2 L 水进行入渗试验，可以湿润足够的土壤体积，保留一定的未湿润的土体，便于观测入渗的效果。

在有机玻璃环内填土，模拟真实一维入渗法直接测量入渗率，与砸入法进行对比试验，对比初始入渗效果。将环内填土测入渗的方法称为模拟真实一维入渗法。模拟真实一维入渗法测量入渗采用的入渗环为直径 14 cm、高 20 cm 的有机玻璃环。有机玻璃环外侧贴上标尺以记录入渗深度随时间变化过程；填土干体积容重与砸入法相同，分别为 1.2 g/cm^3、1.3 g/cm^3、1.4 g/cm^3；每个土壤干体积容重设 2 个重复。为保证单位面积入渗水量相同，采用式（2.1）对有机玻璃环的加水量进行换算

$$Q_1 = \frac{D_1^2}{D^2} Q_2 \qquad (2.1)$$

式中，Q_1 为有机玻璃环加水量，cm^3；Q_2 为入渗环加水量，cm^3；D_1 为有机玻璃环直径，cm；D 为入渗环直径，cm。

根据入渗率概念，某 t 时刻入渗率 i_t 用式（2.2）计算

$$i_t = \frac{Q}{S\Delta t} \times 60 \times 10 \qquad (2.2)$$

式中，i_t 为与 t 时刻临近的 Δt 时段内时刻末入渗率，mm/h；Q 为该时段入渗水量，cm^3；S 为入渗面积，cm^2；Δt 为入渗时段，min；

用数码相机录像功能记录入渗环内水位变化的过程，计算不同时段入渗的水量，用于计算入渗过程及砸入法完成入渗时刻的模拟真实一维入渗率。

3. 观测内容

1）入渗时间

用秒表记录 2 kg 水入渗所需时间。

2）垂直入渗深度和侧向入渗宽度

测量由地表向下的垂直入渗深度（z）和由环壁侧向入渗宽度（w）。用切刀依次剖切土体的 1/4、1/2、3/4，分别量取 4 个剖面上的 z 和 w 值，并计算 z 和 w 的平均值，作为本次试验中垂直入渗深度和水平径向入渗宽度。同时量取入渗环内回填土壤剖面的垂直入渗深度。

2.2.3 试验结果分析

1. 入渗过程

入渗试验后，剖切土壤剖面，得到各工况下入渗水流湿润的土壤剖面分布，分别如图 2.3 和图 2.4 所示。

(a) 1 kg 铁锤打击下土壤剖面湿润位置

(b) 2 kg 铁锤打击下土壤剖面湿润位置

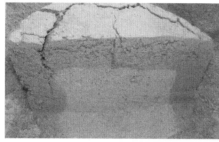
(c) 4 kg 铁锤打击下土壤剖面湿润位置

(d) 回填土壤剖面湿润位置

图 2.3　1.2 g/cm³ 容重土壤不同能量打击下的土壤湿润位置

(a) 1.3 g/cm³ 容重土壤剖面湿润位置

(b) 1.4 g/cm³ 容重土壤剖面湿润位置

图 2.4　1.3 g/cm³ 和 1.4 g/cm³ 容重土壤湿润位置

图 2.3 和图 2.4 清楚地表明，环式入渗仪的入渗过程，是由地表土壤水分入渗和沿入渗环和土体间缝隙进入的水分入渗构成的。各试验工况下的剖面土壤水分分布状况均

显示入渗环内的水分入渗是垂直入渗和侧向入渗共同作用的结果。而回填土壤的入渗则表现出很好的一维垂直入渗特性。

表 2.1 为 3 种不同干体积密度的土壤在 3 种不同打击能量下入土后，入渗试验得到的垂直入渗深度和侧向入渗宽度。表中的数据表明，所有试验工况，由于土壤处于初始入渗阶段，具有较大的入渗性能，重力对垂直入渗的贡献不明显，入渗主要由土壤基质势控制。图 2.5 为平均垂直入渗深度与水平入渗宽度的关系；表明二者具有很好的一致性。垂直入渗是水平入渗的 1.001 倍。

铁锤质量不同，单次打击入渗环能量也不同，打击入渗环时产生的震动模态也有差异。各土壤干体积容重，4 kg 铁锤打击下侧向入渗宽度均大于垂直入渗深度；4 kg 铁锤打击下，侧壁与土壤间的缝隙较大，表层土壤水分入渗完成后，缝隙内的储水会继续入渗一段时间，因此造成侧向入渗宽度稍大于垂直入渗深度。质量不同的铁锤在打击入渗环入土时产生不同的震动模态会对侧壁和土壤之间的缝隙大小产生影响。

表 2.1　不同条件下垂直入渗深度和侧向入渗宽度测量结果

土壤干体积容重/（g/cm³）	铁锤质量/kg	重复 1		重复 2		入渗环内填土 z/cm
		z/cm	w/cm	z/cm	w/cm	
1.2	1	4.5	4.3	5.8	5.6	8.6（重复 1） 8.5（重复 2）
	2	5.2	5.4	5.4	5.7	
	4	4.8	5.2	5.5	6	
1.3	1	6.1	6.1	6.5	6.1	8.9（重复 1） 8.6（重复 2）
	2	5.5	6.6	6.3	5.7	
	4	5.7	5.7	6.3	6.1	
1.4	1	7.4	7.3	7	6.5	9.0（重复 1） 8.8（重复 2）
	2	6.9	6.6	6.2	5.9	
	4	6.4	6.5	6.3	6.5	

注：w 为水平入渗宽度，cm；z 为垂直入渗深度，cm

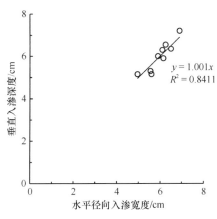

图 2.5　垂直入渗和径向入渗的比较

2. 初始入渗过程估算

根据《水土流失测验与调查》，初始入渗时刻测量间隔为 0.5 min、1 min、2 min、3 min。砸入法进行试验时，各试验工况下，2000 mL 水最短入渗时间为 17 s（0.28 min），最长时间为 87 s（1.45 min）；因此在计算初始入渗率时采用由开始到 t 时刻的时段平均入渗率代替 t 时刻的瞬时入渗率。用式（2.2）计算各试验工况下砸入法和模拟真实一维入渗法测得的同时段土壤初始入渗率，对比两组试验数据，结果如图 2.6 所示。砸入法测得的初始入渗率是回填法的 3.26 倍，说明环式入渗仪测得土壤初始入渗率约是模拟真实一维入渗率的 3.26 倍，这表明环式入渗仪测量初始入渗率的误差。

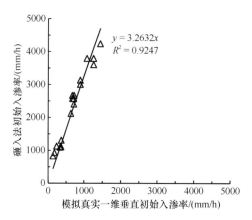

图 2.6　砸入法与模拟真实一维垂直初始入渗率对比

砸入法 2 次重复获得的入渗率和对应模拟真实一维入渗法测得的入渗率的平均值如表 2.2 所示。

表 2.2　各试验状况下砸入法获得入渗率和模拟真实一维入渗率结果

土壤干体积容重/（g/cm³）	铁锤质量/kg	砸入法入渗时间/min	砸入法入渗率/（mm/h）	模拟真实一维入渗率/（mm/h）
1.2	1	0.37	3300.00	1080.00
	2	0.35	3459.95	1080.00
	4	0.3	4012.38	1260.00
1.3	1	0.53	2258.82	678.00
	2	0.46	2619.05	699.00
	4	0.46	2619.05	702.00
1.4	1	1.28	959.25	189.00
	2	1.19	1015.56	210.00
	4	0.99	1216.81	243.00

3. 由湿润体体积估算初始入渗率误差

由试验现象可知，环内入渗由地表向下的垂直入渗和侧壁向内的侧向入渗共同构成，因此环内湿润体体积为：垂直湿润体体积和侧壁湿润体体积。假设这两部分入渗在交汇后即停止入渗，入渗湿润体的体积由图 2.7 中的 V_1 和 V_2 构成，总的湿润体体积 $V = V_1 + V_2$。

V_1 为倒立圆台，其体积由式（2.3）计算，圆台高度为 $z(t)$，两底面直径分别为 D 和 $D - 2w$。其体积为

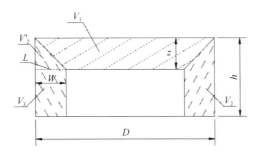

图 2.7 湿润体体积计算图

$$V_1 = \frac{\pi D^2 + \pi (D-2w)^2}{4} \times z \times \frac{1}{2} \quad (2.3)$$

式中，V_1 为圆台体积，cm^3；D 为入渗环直径，cm；w 为水平入渗宽度，cm；z 为垂直入渗深度，cm。

V_2 为侧壁湿润体体积，由 V_2' 和 V_3 构成。V_2' 由高度为 z 直径为 D 的圆柱体体积减去圆台体积 V_1 计算得到：

$$V_2' = \frac{1}{4}\pi D^2 z_f - V_1 \quad (D \geqslant d) \quad (2.4)$$

V_3 为 L 以下所形成的圆环形湿润体体积，由 L 下部整个土柱体积减去未湿润体积计算得到：

$$V_3 = \frac{1}{4}\pi D^2 (h-z_f) - \frac{1}{4}\pi (D-2w)^2 (h-z_f) \quad (2.5)$$

$$V_2 = V_3 + V_2' \quad (2.6)$$

由式（2.4）～式（2.6）即可求得湿润体体积 V，$V = V_1 + V_3 + V_2'$。$V_1 + V_2$ 与 V_1 之比如图 2.8 所示。如图 2.8 所示，总的湿润体体积是垂直湿润体体积的 2.6 倍，侧壁入渗造成湿润体体积增加，进而造成总的入渗水量远大于垂直入渗水量。

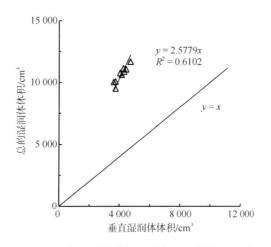

图 2.8 总的入渗体体积与垂直入渗体体积关系

由 V_1、V_2 的计算公式推导 $V_1 + V_2$ 与 V_1 之间的比例关系：

$$\frac{V_1+V_2}{V_1}=2\times\frac{D^2(h-z)-(D-2w)^2(h-z_f)+D^2Z}{Z(D^2+(D-2w)^2)} \tag{2.7}$$

若入渗仪入土深度 h 为零，则侧向入渗宽度 w 也为零，式（2.7）的值为 1，侧壁湿润体体积为零，湿润体体积即为垂直体积；即侧壁入渗造成的环式入渗仪测量误差为零。

2.3 数值计算对初始入渗影响的理论分析

环式入渗仪假定入渗是一维的，即假定环内各点的入渗率相同，只为时间 t 的函数，空间各点的入渗相同。测量过程中，根据入渗率随时间的变化，采用改变供水流量的方法，维持稳定的水头。供水装置通常采用马氏瓶。供水流量随时间的变化用于计算入渗率随时间的变化过程。通过马氏瓶得到的供水流量过程为

$$q=q(t) \tag{2.8}$$

式中，q 为供水流量，mm^3/min。

实际供水过程中，瞬时的 $q(t)$ 是不能测量得到的，因此，是一个理论流量过程。只能通过记录一个时段 (t_j-t_{j-1}) 马氏瓶内水量的变化得到时段的供水总量，进而计算得到时段的平均流量

$$\bar{q}_j=\frac{Q_j-Q_{j-1}}{\Delta t_j}=\frac{1}{t_j-t_{j-1}}\int_{t_{j-1}}^{t_j}q(t)\mathrm{d}t \tag{2.9}$$

式中，$\bar{q}_j$ 为时段 (t_j-t_{j-1}) 内水流的平均流量，mm^3/min；Q_{j-1} 为 t_{j-1} 时刻马氏瓶内的水量；Q_j 为 t_j 时刻马氏瓶内的水量。

由测量得到的时段平均流量估算得到时段 (t_j-t_{j-1}) 的平均入渗率为

$$\bar{i}_j=\frac{\bar{q}_j}{A}=\frac{1}{A(t_j-t_{j-1})}\int_{t_{j-1}}^{t_j}q(t)\mathrm{d}t \tag{2.10}$$

式中，$\bar{i}_j$ 为时段 (t_j-t_{j-1}) 内的平均土壤入渗率，mm/min；A 为入渗环的面积，mm^2。

该时段平均入渗率 $\bar{i}_j$ 可以根据定积分的中值定理得到：

$$\bar{i}_j=i(t_\zeta)=\frac{\bar{q}_j}{A}=\frac{1}{A(t_j-t_{j-1})}\int_{t_{j-1}}^{t_j}q(t)\mathrm{d}t=\frac{q(t_\zeta)}{A}\;(t_{j-1}<t_\zeta<t_j) \tag{2.11}$$

根据《水土流失测验与调查》（李智广，2005），各时间步长测量得到的 $\bar{i}_j$ 放在时段的结束处，坐标为（t_j, $\bar{i}_j$）。由于 $i(t)$ 为时间的单调减函数，因此

$$\bar{i}_j>i(t_j) \tag{2.12}$$

即由数值计算得到的测量结果，当按照标准规定取坐标点时，入渗率高于实际值。如图 2.9 所示。时间步长越大，差异越大。

由于实际操作上的原因，在试验中通常取 3 min 或 5 min 或更长的时间作为测量间隔。Moroke 等（2009）测量土壤入渗时，在 4h 的测量阶段采用每 5 min 测量一个数据

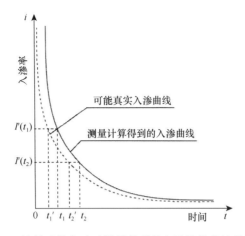

图 2.9　计算赋值方式对测量得到的入渗性能曲线的影响

的方法。Carlier（2007）采用 3 min 的时间间隔模拟土壤的入渗过程。在各时间步长上用该时间段内总的入渗水量除以入渗环的面积和时间长度，得到平均入渗率。坐标点为时间段的结束点和平均入渗率。当时间步长较大时，由于入渗率为单调减函数，所以时间步长增大，计算得到的平均入渗率数值降低，但由于赋值点采用计算时间步长的终点，由此得到的入渗率在入渗曲线上却显著上升。如图 2.9 所示，在 t_1 时刻的入渗率实际为 $i(t_1)$，但平均入渗率作为时段 $0 \sim t_1$ 间的平均值 $I'(t_1)$ 显著大于 $i(t_1)$。从而入渗率的这种计算赋值方法，过高地估计了入渗率，产生系统的测量误差。

环式入渗仪测量土壤入渗率时，入渗率曲线还依赖于测量和/或计算时间步长的选取。时间步越长造成测量结果的误差越显著。当采用较短测量时间步长时，极大地增大了用环式入渗仪测量的困难。当时间步长较短时，计算得到的入渗数值增大。但在如前述同样的赋值方式下，数据点所对应的时间提前，从而得到入渗曲线整体上在时间坐标上向左边移动，所得到的入渗曲线反而整体降低。时间步长越短，入渗曲线越是在时间坐标上向左移动，测量得到的入渗过程越降低，但入渗率随时间缩短而降低的速度下降。理想状态下，测量时间间隔无限短时，这种降低的速度趋于零，而得到的入渗率逼近真实的入渗率。这说明，测量时间间隔越短越好。如图 2.10 所示。

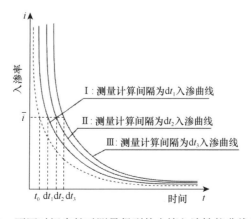

图 2.10　不同时间步长对测量得到的土壤入渗性能曲线的影响

图2.11所示为在不同赋值方式和/或测量时间步长不同情况下土壤的入渗性能曲线。由前面分析可知，入渗曲线Ⅰ是最接近真实入渗性能的曲线。在 t_m 时刻，曲线Ⅰ的入渗率为 i_m，而同时刻曲线Ⅱ的入渗率可能比曲线Ⅰ高约一倍或更多，而曲线Ⅲ则更高得多。而在 t_n 时刻，曲线Ⅰ的入渗率为 i_n，同时刻曲线Ⅱ的入渗率比曲线Ⅰ的高约三分之一，而曲线Ⅲ的则比其高一倍多。随着入渗时间推延，不同时间步长和不同赋值方式下测量得到的入渗率逐渐趋于一致，即测量时间步长和赋值方式对测量得到的入渗率的影响逐渐降低。测量时间步长和赋值方式对入渗初始时估算的土壤入渗性能影响较大。

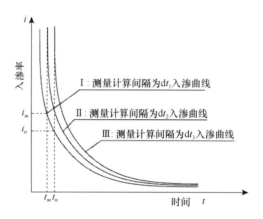

图2.11　不同时间步长和/或赋值方式引起的入渗测量误差示意图

2.4　数值计算对初始入渗影响的试验验证

2.4.1　试验材料与方法

1. 试验材料

室内试验系统由模拟环式入渗仪、供水装置和试验升降台组成（图 2.12）。采用有

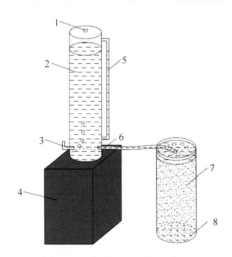

图2.12　试验测量系统示意图

1. 注水口；2. 马氏瓶；3. 进气口；4. 试验升降台；5. 读数连通管；6. 出水口；7. 模拟环式入渗仪；8. 通气口

机玻璃制成模拟环式入渗仪，直径为 30 cm，高为 65 cm，底部打有直径为 1 cm 的通气口若干个。入渗环外部贴上标尺，便于读取初始水位和记录湿润锋随时间的变化过程。采用马氏瓶维持环内恒定水头变流量供水。供试土壤为粉壤土（按质量分数分别为黏粒 15%、粉粒 50.2%、沙粒 34.8%）。

2. 试验方法

在模拟理想环式入渗仪内填土，容重分别控制在 1.3 g/cm³、1.4 g/cm³，每 5 cm 为一层，分层装入。按设计好的土壤容重计算土壤质量，将称重后的土壤放入模拟环式入渗仪内，在不捣压的前提下用靶子整平，再压实到 5 cm 画线处；先将前次装入的土层表面用工具打毛，以避免上下土层之间出现结构和水动力学突变。总装土深度为 60 cm。

采用 3 种时间步长（分别为 1 min、2 min 和 5 min）计算土壤入渗率。初始入渗阶段，土壤入渗性能较高，马氏瓶的供水能力不能满足要求，因此采取一次性向环内加水 4 cm，记录时间间隔为 1 min、2 min、5 min 的水位变化过程，计算初始入渗率。环内水位下降为水深 1 cm 时，继续加水到环内水深 3 cm，立即由马氏瓶供水，调节马氏瓶进气口高度，保证环内水层厚度为 3 cm，开始由马氏瓶供水并记录马氏瓶内水位随时间的变化过程。由于 30 min 以后入渗率变化幅度很小，再加上马氏瓶供水灵敏度的影响，间隔 1 min 读数很困难，因此 1 min 时间步长只读取前 30 min 的入渗水量，30 min 后步长改为 2 min。每个容重对应三个时间步长，每组试验进行两次重复，每次试验进行 2 h。

3. 数据记录方法

用电子秤称取 1.413 kg 的水，一次性加入环内，使环内水层厚度为 4 cm；按设定好的时间步长记录入渗环外标尺读数的变化过程。当环内水层厚度降为 1 cm 时，加水 706.5 g，环内水深变为 3 cm，立即由马氏瓶供水并记录此时马氏瓶读数器的读数和秒表时间，依次按设定好的时间步长读取马氏瓶水位变化过程。试验开始前调节马氏瓶出水口高程保证环内水位是 3 cm。试验分别按容重 1.3 g/cm³ 和 1.4 g/cm³、时间步长 1 min、2 min、5 min，计算平均入渗率后，分别选取时间坐标点为时间步长起始点、中间点和结束点，获取不同赋值方式下的土壤入渗性能曲线。

2.4.2 试验结果与讨论

1. 不同赋值方式下土壤入渗性能曲线对比

由各时间步长内的总入渗水量除以入渗面积和时间步长计算得到的时段平均入渗率，分别赋值在时间步长起始点、中间点或者结束点，作为该时间点的瞬时入渗率，这种采用时段平均入渗率代替不同时刻的瞬时入渗率并赋予不同时刻点方法，即为计算土壤入渗性能曲线时的不同赋值方式。

采用不同的赋值方式，同一次试验计算得到的土壤入渗性能曲线不同，在同一时刻测量的入渗率会产生较大的差异；且时间步长越大，不同赋值方式下测量得到的同一时刻的入渗率差异越大。如容重 1.4 g/cm³ 的土壤，时间步长为 2 min 时，时间坐标点分别选取时段起始点、中间点和结束点测量的第 5 min 时刻的入渗率分别为 114 mm/h、132.5 mm/h 和 150 mm/h，最大值与最小值相差 31.58%。时间步长为 5 min 时，不同赋值方式测量的相同时刻的入渗率分别为 113 mm/h、140.4 mm/h 和 214.8 mm/h，最大值与最小值相差 89.38%。容重 1.3 g/cm³ 的土壤，选取不同的赋值方式计算的同时刻的入渗率差异也较大，如时间步长为 5 min 时，不同赋值方式测得在第 5 min 时刻的入渗率最大值与最小值分别为 375 mm/h 和 175 mm/h，相差 114.29%。由图 2.11 也可以看出不同的赋值方式计算的入渗曲线有较大差异。

1）赋值点选取时间步长起始点

选取时间步长的起始点作为时间坐标，计算得到不同时间步长下的土壤入渗性能曲线如图 2.13 所示。计算结果显示，容重 1.4 g/cm³ 的土壤时间步长分别为 1 min、2 min、5 min 计算得到的土壤第 5 min 时刻的入渗率分别为 220 mm/h、199 mm/h 和 179 mm/h，最大值和最小值相差 22.9%。由于赋值点为时段的起始点，时段平均入渗率小于时段起始点瞬时入渗率，造成测量结果偏小，因此时间步长越大，测量的土壤入渗性能曲线越低。在初始阶段时间步长对测量结果影响较大，随着时间的推移，入渗率逐渐趋于稳定，影响逐渐变小。

2）赋值点选取时间步长结束点

目前采用环式入渗仪测量土壤入渗性能时，常规的赋值方式为取时段结束点为时间坐标。将试验获取的不同时间步长的入渗曲线按常规赋值方式作出图 2.13。从图 2.13 中可以明显看出，得到的不同步长下的入渗曲线，在初始阶段差异较大。如 1.3 g/cm³ 的土壤，步长为 1 min、2 min、5 min 计算的入渗曲线显示第 5 min 时刻的入渗率分别为 230 mm/h、261 mm/h 和 338 mm/h，最大值比最小值相差 47%。由于入渗曲线为单调减函数，赋值点为时段结束点造成测量结果偏大；时间步长越大，计算的入渗曲线越高。

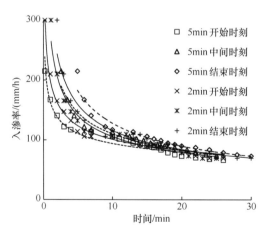

图 2.13　不同赋值方式土壤的入渗性能曲线对比

3）赋值点选取时间步长中点

在初始入渗阶段，不同的赋值方式造成同一时刻的入渗率相差 1 倍左右，产生较大的测量误差。由前面的分析可知，时段平均入渗率大于时间步长结束点的值，小于开始点的入渗率，将坐标点选取为时间步长中间时刻与平均入渗率，更能接近土壤的真实入渗状况。图 2.14 所示为选取时间坐标点为时段中点时获得的不同时间步长下的土壤入渗性能曲线。由图 2.14 可以看出，容重为 1.3 g/cm³ 的土壤，步长为 1 min、2 min、5 min 计算的第 5 min 时刻的入渗率分别为 220 mm/h、230 mm/h、241 mm/h，相差约为 4%。容重为 1.4 g/cm³ 的土壤，第 5 min 时刻步长分别为 1 min、2 min、5 min 时计算得到的土壤入渗率分别为 131 mm/h、132 mm/h、131.2 mm/h，基本相等。当选取时间步长的起始点和结束点为时间坐标时，不同时间步长计算的同时刻的入渗率差异较大。因此赋值方式选取时段中点为时间坐标计算的土壤入渗曲线更能接近真实入渗状况。选取时间步长结束点为时间坐标测得的土壤入渗率比真实值偏大，坐标点为时间步长起始点时测得的土壤入渗率小于真实值。

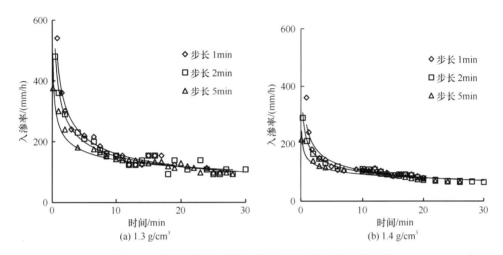

图 2.14　坐标点选取时段初始点处的入渗性能曲线对比

随着时间推移，土壤的入渗性能逐渐降低，在入渗进行一段时间后，入渗率稳定在一个比较固定的水平上，不再随着时间变化。赋值方式对入渗曲线的影响逐渐变小，如图 2.13 所示。随着时间推移，对于不同的时间步长由不同的赋值方式计算得到的入渗性能曲线逐渐靠近并趋于一致（图 2.13～图 2.16）。

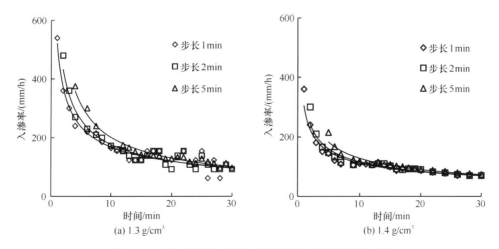

图 2.15　坐标点选取时段结束点处的入渗性能曲线对比

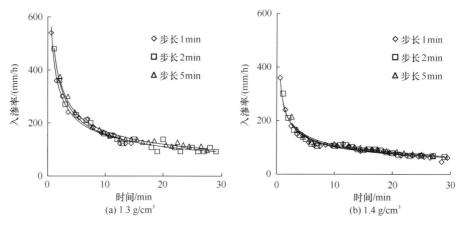

图 2.16 坐标点选取时段中点处的入渗性能曲线对比

2. 不同时间步长对测量结果的影响

由上述分析可知,时间坐标点为时段中点时,测量的土壤入渗率最接近真实情况,时间步长越短,入渗曲线越靠近时间步长中点位置曲线,说明时间步长越短,测得的结果越接近真实状况。理想状态下,时间步长无限短时,得到的入渗率逼近真实入渗率。在实际测量过程中,缩短时间步长会加大操作难度,有时甚至难以实现,因此赋值方式选取时段中点测量结果更接近土壤真实入渗率,在操作过程中很容易实现。

按常规的赋值方式,获得不同时间步长下的入渗性能曲线,如图 2.17(a)所示。如图 2.17(a)显示容重为 1.3 g/cm³ 的土壤,时间步长 2 min、5 min 测得的第 5 min 时刻的入渗率分别为 270 mm/h、375 mm/h;容重为 1.4 g/cm³ 的土壤,在第 5 min 时刻,步长 2 min、5 min 测得的入渗率分别为 165 mm/h、214.8 mm/h。入渗率随着时间步长的增加而增大。由 2.4.1 节可知,5 min 时 1.3 g/cm³ 土壤的真实入渗率小于 240 mm/h;容重为 1.4 g/cm³ 的土壤,在第 5 min 时刻真实的入渗率小于 144 mm/h。因此这种计算赋值方法过高地估计了入渗率,产生系统的测量误差。时间步长越大,测量的同一时刻的入渗率越大,造成测量误差越大。时间步长对入渗初始时估算的土壤入渗性能影响

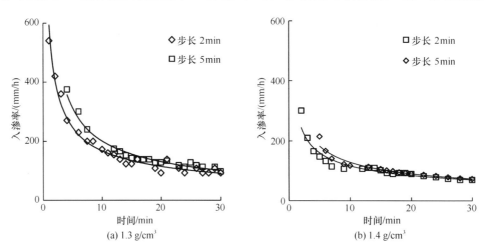

图 2.17 不同时间步长对测量得到的土壤入渗性能曲线的影响

较大,随着入渗时间推移,不同时间步长下测得的入渗率逐渐趋于一致,时间步长对测量结果影响逐渐降低。

由于入渗率为时间的单调减函数,时间步长为 5 min 时的平均入渗率值小于步长为 2 min 的入渗率值,如图 2.15(b)所示。容重为 1.4 g/cm³ 的土壤,前 5 min 的平均入渗率为 214.8 mm/h。时间步长为 2 min 时,前 2 min 的平均入渗率为 300 mm/h,但步长为 5 min 时的入渗曲线显著高于步长为 2 min 的入渗曲线。因此当时间步长较大时,计算得到的平均入渗率数值降低,但由于赋值点采用计算时间步长的终点,由此得到的入渗率在入渗曲线上却显著上升。

通过在中心时间点赋值,消除了由赋值方式引起的误差。可能通过入渗曲线的再配置,使得累积入渗水量与供水量的误差最小,消除时间步长的影响。

国内外学者在入渗测量的基础上,建立了许多入渗模型,其中著名的有 Kostiakov (1932)、Horton(1941)、Philip(1954;1957)入渗模型。Philip 入渗模型虽有物理意义但适宜性较差,常数项常为负值,不能体现出稳定入渗率。Kostiakov 入渗模型能很好地拟合初期土壤入渗过程,但是时间趋于无穷大时,入渗率趋于 0,与实际情况不符。Horton 入渗模型,方程形式与土壤入渗规律很吻合,能较好地描述和研究入渗过程。因此选取 Horton 入渗模型,拟合不同时间步长获得的入渗曲线,通过调整模型参数使得累积入渗量与供水量的误差最小,消除时间步长的影响。

Horton 入渗模型的表达式为

$$i = i_\infty + be^{-\beta t} \tag{2.13}$$

式中,i 为入渗率,mm/h;i_∞ 为稳定入渗率,mm/h;b 为模型拟合参数;β 为模型拟合参数。

由模型拟合各试验工况下赋值点为结束点的测量结果,得到模型参数,结果如表 2.3 所示。

表 2.3 赋值点为结束点的模型参数拟合结果

时间步长/min	容重 1.3 g/cm³	容重 1.4 g/cm³
2	$i_\infty = 72.44$	$i_\infty = 50.81$
	$b = 431.59$	$b = 219.76$
	$\beta = 7.97$	$\beta = 6.68$
5	$i_\infty = 68.86$	$i_\infty = 47.34$
	$b = 397.90$	$b = 174.93$
	$\beta = 5.72$	$\beta = 4.09$

由入渗模型对时间 t 进行积分计算累积入渗量,为

$$Q_1 = \int_0^{t_1} (i_\infty + be^{-\beta t}) dt \tag{2.14}$$

式中,Q_1 为由入渗公式计算的累积入渗量,mm;t_1 为入渗结束时刻,h。由初始入渗量和马氏瓶读数计算实际入渗量 Q_2。由水量平衡计算误差为

$$\delta = \left| \frac{Q_2 - Q_1}{Q_2} \right| \times 100\% \tag{2.15}$$

式中，Q_1 为入渗公式计算的累积入渗量，mm；Q_2 为由马氏瓶直接读取的累积入渗量，mm。

误差计算结果如表 2.4 所示。

表 2.4　赋值点为结束点的各试验工况下模型计算累积入渗量误差　　单位：%

时间步长/min	容重 1.3 g/cm³	容重 1.4 g/cm³
2	9.80	7.90
5	14.28	9.48

由模型拟合各试验工况的累积入渗量均大于实际入渗量，如容重为 1.3 g/cm³ 的土壤在 2 min 和 5 min 时间步长下，计算的累积入渗量分别为 199 mm 和 207.4 mm，而入渗进行到 2 h 时由实际供水量计算得到的入渗为 181 mm。容重为 1.4 g/cm³ 的土壤也表现出相同的规律。这具体说明了选取时段结束点为赋值的时间坐标，造成测得的入渗率偏大，进而由入渗率拟合的累积入渗量也会偏大。由表 2.4 可知，时间步长越大，计算累积入渗量误差越大，与 3.2 节分析的时间步长越大造成测量入渗率误差越大，结果表现一致。

由上述分析知，选取时段中点为时间坐标计算的结果最能接近土壤的真实状况。选取时间坐标为中点的入渗数据拟合模型参数，进而计算累积入渗量及误差，结果如表 2.5 所示。

表 2.5　赋值点为中点的模型参数与误差

时间步长/min	容重 1.3 g/cm³		容重 1.4 g/cm³	
	模型参数	误差/%	模型参数	误差/%
2	$i_\infty = 72.18$ $b = 400.68$ $\beta = 8.93$	2.90	$a = 50.65$ $b = 196.51$ $\beta = 6.71$	4.83
5	$a = 68.75$ $b = 315.74$ $\beta = 5.98$	2.44	$a = 46.90$ $b = 145.52$ $\beta = 4.13$	2.76

时间坐标为时段中点时，计算累积入渗量误差明显减少，最大值为 4.83%，与上述分析结果相符。对比同一时间步长，不同赋值方式计算的入渗模型参数发现，i_∞ 和 β 变化不大，而时间坐标为时段结束点的 b 值均大于时段中点的 b 值。i_∞ 表示土壤稳定入渗率，β 确定土壤入渗性能曲线的形状，b 确定土壤入渗性曲线的水平位置。计算结果显示，入渗率赋值在时间坐标上为时段中点时计算 b 值比结束点偏小，表明曲线水平左移，与实际情况相符。

按常规的赋值方式计算土壤入渗性能曲线时，可以根据水量平衡原理适当调整不同时间步长拟合的 b 值，对入渗曲线进行再配置，进而获得更为准确的土壤入渗测量结果。

2.4.3　结论

本章通过室内试验结果进行数值计算，阐述了不同时间步长和赋值方式对环式入渗仪测量土壤入渗性能曲线计算结果的影响。结果表明，不同的赋值方式能造成测得的初始入渗率相差 30%～110%。选取时间坐标为时段起始点造成测量结果偏小，时段结束点为时间坐标点时测量结果偏大，只有选取时间步长的中点作为时间坐标测量的结果最接近土壤的真实入渗状况。当时间步长较大时，计算得到的平均入渗率越偏离土壤的真实入渗状况，时间步长越大，测量结果误差越大。但是测量时间步长越短操作越困难，人为误差越大。建议采取较长时间步长（5 min 或 10 min），以方便操作减小人为误差，并采取时间步长为中点的赋值方式，消除时间步长造成的测量误差，获得准确性较高的土壤入渗性能曲线。

第3章 优先流对测量结果影响试验方法

目前对环式入渗仪的研究主要集中在环内变水头和常水头对入渗结果的影响（Elrick et al.，1995），双环和单环测量结果的对比（Walsh and Mcdonnell，2012；Verbist et al.，2010），环内水头（冶运涛等，2007）、双环直径（任宗萍等，2012）、缓冲指数（Lai et al.，2010a，2010b）等对测量结果的影响，但并未关注安装环式入渗仪过程中产生的环壁和土壤间缝隙引起的优先流对测量结果的影响。而这一问题在环式入渗仪安装过程中普遍存在，并且严重影响其测量结果的准确性（张婧等，2014）。在初始入渗结束后，优先流是否存在及其对后续的入渗过程产生怎样的影响，目前尚不得而知。

为此，本章介绍一种能够直接观察优先流影响下入渗环内土壤水分运动过程的试验装置，采用室内试验说明试验过程，根据土壤剖切面湿润特征，划分入渗过程，分析入渗湿润体变化过程及其对入渗率测定结果产生影响的原因。

3.1 可视化试验装置与测量方法

室内试验土槽装置由可拆分成两半的土槽、入渗环、可以透视的有机玻璃挡土板、角钢和螺栓组成。半个土槽内部长、宽、高分别为 30 cm、50 cm、75 cm，两个同样的半个土槽[图 3.1（a）]可以组装成如图 3.1（b）所示的土槽。半个土槽两边焊有连接板（5cm×75 cm），连接板上每隔 7 cm 打有螺孔。在半个土槽外边的下部用螺栓固定有机玻璃板（60 cm×55 cm）。将另外半个土槽与连接有机玻璃板的半个土槽组装成一个完整土槽，即形成试验中可拆分的入渗土槽。两个半土槽形状和尺寸完全相同。当剖分入渗环时，只需移出半个土槽和半个入渗环，即能透过有机玻璃板显示出入渗环内部及下部土壤剖面内入渗水分的运动过程。

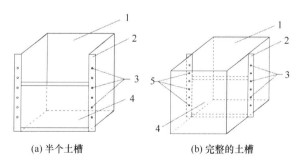

(a) 半个土槽　　　(b) 完整的土槽

图 3.1 土槽结构示意图

1. 半槽；2. 连接板；3. 固定有机玻璃板和半槽的螺栓；4. 有机玻璃板；5. 固定两半槽的螺栓

供试土壤为粉壤土（黏粒 15%，粉粒 50.2%，砂粒 34.8%）。在可剖分的土槽内装干体积质量为 1.4 g/cm³ 的土壤，每 5 cm 为一层分层装入，按设计干体积质量计算土壤质量，称重后放入土槽内并整平，再压实到 5 cm 厚度。将装好的土层用工具打毛，再装入下一层土壤，以避免上下土层之间出现结构和水动力学特性的突变。整个土槽的装土厚度为 70 cm，土壤初始体积含水率约为 $0.1cm^3/cm^3$。

3.1.1 试验方法

土槽填土完成后，将入渗环剖分面放置在土槽连接板所处位置，砸入入渗环（张婧等，2014），入土深度为 15 cm。砸入后的装置如图 3.2 所示。铲出将要移出的半个土槽中入渗环外 15 cm 的土壤。拧开入渗环上的螺栓，取出露出的半环后，切削移出半环内的土体；铲出半槽中的土壤，拧开土槽连接板上螺栓，移出半槽，通过有机玻璃板即显露出土槽下部的土壤。在入渗环连接板上用玻璃胶密封，防止试验过程中连接板和有机玻璃板衔接处漏水，用螺栓将另外一块有机玻璃板（60cm×20 cm）和半环连接并紧固，即呈现出整个土壤剖切面（图 3.3）。用玻璃胶封堵两块有机玻璃板之间的缝隙，防止入渗过程中水分渗出。

图 3.2 砸入入渗环

图 3.3 土槽剖面

试验时，先在环内土壤表面铺上纱布，量取 2 L 水，一次性加入环内。当环内水位下降到 1.5 cm 水头时，加水 1.2 L 使水位上升到 4 cm；始终保持环内最低水位 1.5 cm，最高水位 4 cm。重复以上过程直至试验结束。入渗时间大约为 2 h。试验进行 2 次重复。

3.1.2 数据采集

在环内贴上标尺，记录水位变化过程。采用定量加水法，用秒表记录水位每下降 0.5 cm 所用的入渗时间，根据供水量随时间的变化过程，由记录的不同时刻环内水位的变化过程，计算土壤入渗性能曲线。

3.2 土壤剖面湿润土体几何分析

3.2.1 入渗水分在环内土壤中的运动过程

由图 3.4 可以清楚地看出，入渗环与土壤间的缝隙引起了优先流。环内水分的入渗包括地表入渗和侧壁入渗两部分。在优先流的影响下，环内土壤湿润体由垂直向下和侧壁向内两部分湿润体组成。根据土壤湿润体随时间变化的特征，入渗过程可以划分为 3 个阶段。

初次向入渗环内加水后,水流迅速充满环壁和土壤之间的缝隙并覆盖地表,形成垂直和径向入渗,半环剖切面呈现出由地表向下和侧壁向内的湿润状况。缝隙底部的水分以线源的形式进行入渗;剖切面上土壤湿润特征是地表向下和环壁向内共同湿润环内土体的结果,湿润锋呈直线状向前推进,在剖切面上显示入渗环底部缝隙内水分以点源方式弧形向内、向外入渗。由于受优先流的影响,环内水分真实的入渗体积由环内土体的上表面和侧面入渗共同构成;侧面入渗造成环式入渗仪测定的初始入渗率远大于土壤的真实初始入渗率。第一入渗阶段,土壤入渗率主要由基质势控制,重力作用相对很小,因此垂直入渗深度和径向入渗宽度近似相等。除底部两侧点源入渗外,垂直向下和径向向内的湿润锋均以直线的方式向前推进,半环剖切面未湿润面积为矩形(图3.4)。该阶段称为初始入渗阶段,持续时间较短,大约为3min。

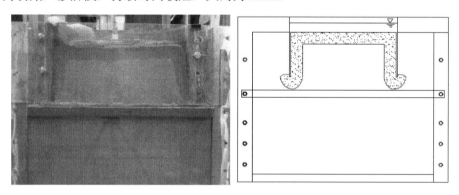

图3.4 第一入渗阶段环内土壤湿润面积特征

随后,由于优先流的作用,环壁和土壤之间缝隙内的水分继续产生径向入渗。此外,由于土壤初始入渗率较大,垂直湿润面积和水平径向湿润面积相互重叠部分迅速增加,重叠部分为垂直和径向入渗共同作用的区域,其入渗率大于单项垂直和径向入渗率,因此侧壁重叠部分土壤的径向入渗宽度大于底部土壤,垂直入渗深度大于位于中间位置的土壤。湿润锋逐渐由直线变为曲线向前推移。缝隙底部的水分继续以线源的方式向环下部和侧部土壤入渗,湿润面积逐渐增大,此后进入第二入渗阶段,剖切面湿润形状如图3.5所示。随着时间推移,土壤入渗率降低,重力对入渗的作用逐渐增大,入渗环中间位置土壤的入渗深度逐渐大于环壁两侧土壤的径向入渗宽度,湿润锋的弯曲度趋于平缓。入渗继续推进,当环内土壤基本全部湿润时,湿润锋逐渐由环内部向环下部推进,

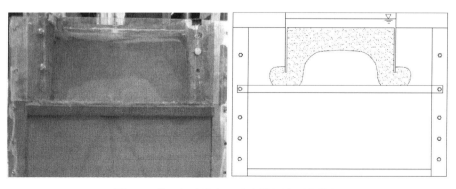

图3.5 第二入渗阶段环内土壤湿润面积特征

剖切面湿润锋形状逐渐趋于水平，此时第二入渗阶段基本结束。第二阶段承接第一阶段和第三阶段，称为过渡入渗阶段。

当半环剖切面内土壤全部湿润时，进入第三入渗阶段，该阶段湿润面积形态特征基本不再发生明显变化。来自地表的垂直入渗和侧壁缝隙侧向入渗两部分水分汇集后，在重力势的作用下向下入渗，进入到环下部土壤，形成垂直入渗，同时还会向入渗环向下延长线的外侧形成侧渗，因此土壤的垂直入渗深度逐渐大于两侧土壤的垂直入渗深度。此时剖面上土壤湿润锋逐渐呈现椭圆形状，并以此形状向前推进。在土壤入渗趋于稳定时，湿润锋推进速度和形状也趋于稳定，形成如图 3.6 所示的湿润状况。

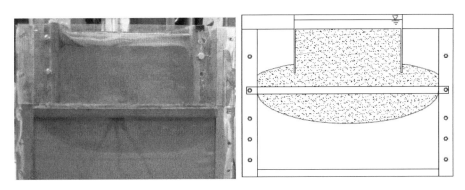

图 3.6　第三入渗阶段环内土壤湿润面积特征

与理想状态（无侧壁优先流存在）垂直一维入渗相比，在优先流影响下，环内土体更易达到充分饱和，此阶段环下部土壤入渗是在有水压的情况下进行，因此环式入渗仪测得的稳定入渗率也可能偏高。第三入渗阶段，土壤剖切面湿润面积特征不再发生变化，因此称为稳渗阶段。

3.2.2　土壤入渗率计算

环式入渗仪测量土壤入渗率根据水量平衡进行计算，公式为

$$i = \frac{\Delta Q}{\Delta t \times A} \tag{3.1}$$

式中，ΔQ 为 Δt 时段马氏瓶供水量，mm^3；Δt 为入渗时段，h；A 为内环面积，mm^2。

利用试验中记录的入渗一定水量所需时间，计算各时刻的入渗率，得到土壤入渗率随时间变化的过程曲线（图 3.7），进而可以用土壤入渗模型对入渗过程进行拟合，包括 Philip 入渗模型、Horton 入渗模型、Kostiakov 入渗模型。

由图 3.7 可以看出，根据供水量随时间的变化过程求得的土壤入渗率随时间变化的规律：在入渗的最初阶段，土壤具有较大的入渗率，随着时间的推移，土壤的入渗率迅速减少。入渗进行一段时间后，入渗率达到稳定。说明优先流影响下测定的土壤入渗率曲线变化规律与一般情况下的土壤水分入渗变化规律相同。

由于优先流的产生增加了水分入渗体积，造成测定的初始入渗率高达 2117 mm/h，初始入渗阶段土壤入渗率降低很快，入渗进行到 3 min 时初始入渗率降低到 415 mm/h，减少幅度大于一般情况下初始入渗率的减少幅度。第二入渗阶段的入渗曲线变化趋于平缓，入渗率降低幅度变慢。在第三入渗阶段土壤入渗率逐渐趋于稳定，湿润锋推进速度

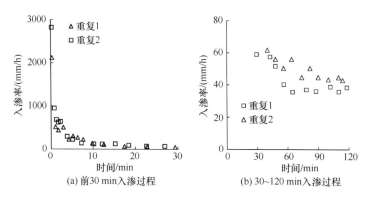

图 3.7　土壤入渗性能随时间的变化曲线

也趋于稳定。环内土体完全湿润后，环壁和土壤缝隙之间的水分产生径向入渗与垂直入渗水分，汇集后向下入渗，因此环式入渗仪测得的稳定入渗率大于土壤的真实入渗率。

优先流影响下测定的累积入渗量随时间的增加而增加，最终趋于稳定（图 3.8）。从图 3.8 可以明显地看出，累积入渗量变化趋势对应土壤入渗率变化过程。在入渗进行到一定时间后重复 1 的累积入渗量略大于重复 2 的累积入渗量，这可能是由装土误差引起的；装土后环刀取土测得重复 2 的干体积质量为 1.38 g/cm³，略小于重复 1 的容重 1.4 g/cm³，导致重复 2 的入渗率略高于重复 1。

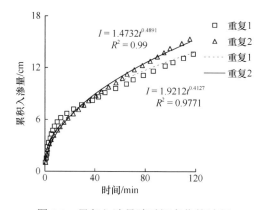

图 3.8　累积入渗量随时间变化的过程

本节根据剖切面土壤湿润面积特征将入渗过程划分为初始入渗阶段、过渡入渗阶段和稳渗阶段。根据供水量随时间的变化过程计算土壤入渗率曲线，该曲线能很好地表达优先流影响下土壤入渗率随时间的变化规律。该装置首次将优先流影响下环式入渗仪内土壤水分的入渗状况可视化，为进一步研究环内土壤水分入渗过程及提出室内模拟环式入渗仪试验提供了基础，对分析环式入渗仪测量结果的准确性及提出解决优先流影响的改进装置提供了有力的依据。

第 4 章　产流积水测量方法

4.1　测量原理与计算模型

4.1.1　产流积水法试验原理

入渗能力是土壤表面充分供水的条件下土壤的实际入渗率,初始时土壤的入渗能力很大,要测得此时的土壤入渗能力,必须供给很大的水量。而随着降雨的持续,土壤的入渗能力降低。设计的测量系统示意图如图 4.1 所示。

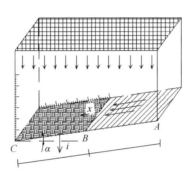

图 4.1　坡地土壤降雨入渗能力测定方法示意图

图 4.1 中 AB 段为降雨汇集产流面。该段经处理(如覆盖不透水材料)后入渗率为 0,全部降雨汇集形成径流。BC 段为降雨/径流向土壤中入渗的坡段。在该段坡面上,土壤除了入渗直接降雨外,还入渗由上段流入的径流水量。在给定雨强下,土壤的动态入渗过程及其与土壤的入渗能力、降雨/径流的交互作用关系描述如下:初始时,土壤具有很高的入渗能力,入渗坡面不仅入渗直接降落的雨水,而且还将产流面上产生的径流在很短的距离内渗入土壤之内,径流在坡面上方推进很短距离。随着降雨过程的推移,土壤入渗能力逐渐降低。土壤除入渗直接降雨外,其入渗径流的能力逐步减弱,将需要较长的坡面入渗同样的径流,即随着降雨持续,径流将随着土壤的入渗能力降低而在坡面上向前推进。产流面产生的径流一方面满足了初始时土壤入渗能力大,需要补充供水才能测得其量值的要求;另一方面,径流在坡面上随时间推进的过程也反映了坡面土壤入渗能力随时间减低的规律。随着降雨继续进行,土壤的入渗能力进一步降低,并将最终趋于土壤的稳定入渗率。而入渗能力的降低,可能使得降雨强度和径流之和大于入渗坡段土壤的入渗能力,形成地表径流,或者在积蓄径流时产生积水或有压入渗。

随着降雨时间的延长,当坡面土壤的入渗能力不足以入渗全部的降雨和/或叠加的径流,直至可能不能入渗直接降雨本身,坡面下部便开始积水。当坡面下部出现积水时,积水深度随着土壤表面入渗能力的降低而升高。这种升高的速度可以用于估计坡面积水后土壤的入渗能力。

为了计算土壤的入渗能力,做出如下假定:

(1) 降雨入渗过程中,由于降雨历时较短和空气的相对湿度较大等原因,对土面蒸发忽略不计。

(2) 入渗能力的大小与入渗的水量无关,而仅与降雨历时有关,即累积入渗量大的地方和累积入渗量小的地方土壤水分入渗能力遵循同一曲线。

(3) 当处于积水情况时,因积水深度很浅,可忽略积水处的入渗能力与无积水处的微小差异,即假定此时整个坡面的入渗均可视为无压入渗的情况,以便确定土壤入渗的整体趋势。

4.1.2 产流积水法试验模型

1. 径流推进阶段的入渗率计算模型

假定土体宽度为 W(m),降雨强度为 P(mm/h),产流面沿坡面的长度为 x_1(m),入渗段土体沿坡面的长度为 x_2(m),产流面产生的径流量为 R(m³),时间历程为 t(h),由产流面和入渗面交界处向下的坐标刻度为 x(m),入渗量为 I(mm),随时间变化的入渗率为 $i(t)$(mm/h),临界时间(即从自由入渗到形成积水的时间)为 t_0(h)。研究对象为水平距离为 $x+\Delta x$ 处的土体。在时间 $t \leqslant t_0$ 的某一时段 t 到 $t+\Delta t$ 内,产流面产生的径流在入渗段上由 x 推进到 $x+\Delta x$ 处,水流的入渗量为 ΔI(mm),考虑该时段内 $x+\Delta x$ 长度坡面上的水量平衡有

$$\text{土壤入渗量} = \text{累计降雨量} + \text{径流流入量} \quad (4.1)$$

即

$$\begin{cases} \text{土壤入渗量} = \Delta I \cdot (x + \Delta x/2)\cos\alpha \cdot W \\ \text{累计降雨量} = P(x + \Delta x/2)\cos\alpha \cdot W \cdot \Delta t \\ \text{径流流入量} = Px_1 \cos\alpha \cdot W \cdot \Delta t \end{cases} \quad (4.2)$$

式中,α 为坡面的坡度,(°)或弧度。

将式(4.2)代入式(4.1),并忽略高阶无穷小,可得

$$\Delta I \cdot x \cos\alpha = P(x_1 + x)\cos\alpha \cdot \Delta t \quad (4.3)$$

由于入渗率是入渗量对时间的导数,从而由式(4.3)有

$$i = \frac{dI}{dt} = \lim_{\Delta t \to 0}\left(\frac{\Delta I}{\Delta t}\right) = P\left(\frac{x_1}{x} + 1\right) \quad (4.4)$$

即有径流推进阶段土壤降雨入渗率计算模型为

$$i = P + P\frac{x_1}{x} \quad (4.5)$$

式(4.4)或式(4.5)表明,在径流推进阶段坡面土壤入渗率为对降雨的直接入渗部分和对流入径流的入渗部分的叠加。同时还可以看出,当开始降雨时,土壤入渗能力很大,径流只在坡面上很有限的长度上分布,式(4.5)中右边第二项可以趋于无穷大,从而模拟了土壤水入渗能力的这种瞬态变化的物理过程。

2. 坡面上出现积水后的入渗率计算模型

当坡面不能入渗全部的降雨和入流径流时，在坡面的下部就开始积水，积水深度随时间增加。微小时段 t 到 $t+\Delta t$ 内，积水情况下的降雨、入渗、积水水量平衡如下：

$$土壤入渗量 = 累计降雨量 - 坡面积水量增量 \quad (4.6)$$

$$\begin{cases} 土壤入渗量 = \Delta I \cdot x_2 \cos\alpha \cdot W \\ 累计降雨量 = P(x_1+x_2)\cos\alpha \cdot W \cdot \Delta t \end{cases} \quad (4.7)$$

坡面积水量 V 随时间的变化为

$$V = \frac{1}{2} h \cdot h \cot\alpha \cdot W \quad (4.8)$$

式中，$h(t)$ 为积水深度，m。

坡面积水量的增量 V 为

$$\Delta V = \frac{dV}{dt}\Delta t = h\cot\alpha \cdot W \cdot \frac{dh}{dt}\Delta t \quad (4.9)$$

将式（4.6）、式（4.8）代入式（4.5）得

$$\Delta I \cdot x_2 \cos\alpha \cdot W = P(x_1+x_2)\cos\alpha \cdot W \cdot \Delta t - h\cot\alpha \frac{dh}{dt}\Delta t \quad (4.10)$$

即有

$$i_1 = \lim_{\Delta t \to 0}\left(\frac{\Delta I}{\Delta t}\right) = P\left(\frac{x_1}{x_2}+1\right) - \frac{h}{x_2}\cdot\frac{1}{\sin\alpha}\frac{dh}{dt} \quad (4.11)$$

从而，积水阶段土壤的降雨入渗率计算模型为

$$i_1 = P\left(\frac{x_1}{x_2}+1\right) - \frac{h}{x_2}\cdot\frac{1}{\sin\alpha}\frac{dh}{dt} \quad (4.12)$$

4.2 试验材料与方法

4.2.1 试验材料

试验在中国科学院水土保持研究所黄土高原土壤侵蚀与旱地农业国家重点实验室内进行，试验采用可升降式土槽。试验中将试验坡面分为两个部分，上半段覆盖不透水材料，使其入渗率为零，全部降雨汇集形成径流。坡面下半段为降雨及径流向土壤中入渗的坡段，该段上土壤除了入渗直接降雨外，还入渗由上半段流入的径流。试验系统如图 4.2 所示，室内人工降雨试验采用大型有机玻璃制土槽，土槽分为两个 6 m×0.5 m×0.6 m 部分，代表两个重复。试验中，准确的降雨量比降雨的能量即降雨的高度更重要，故采用滴头式小型人工模拟降雨模拟器。降雨器长 3 m、宽 2 m，雨滴直径为 1～3 mm，雨强范围为 0.2～2.5 mm/min。

试验所用土壤为陕北安塞黄绵土，土样均采自地表 20～30 cm 土层，其颗粒组成见表 4.1。

图 4.2 产流积水法试验土槽

表 4.1 供试土壤颗粒组成　　　　单位：%

指标	粒径范围/mm						
	1～0.25	0.25～0.05	0.05～0.01	0.01～0.005	0.005～0.001	<0.001	<0.01
含量	1.11	31.70	41.57	5.43	4.47	15.72	5.62

4.2.2 试验方案

本试验采用以下两种试验工况，以说明和示意试验方法和计算模型的计算步骤及其有效性。

工况Ⅰ：雨强 $P = 60$ mm/h，坡度 $S = 5°$，径流面与入渗面长度覆盖比 $C = 1.0:2.0$。

工况Ⅱ：雨强 $P = 30$ mm/h，坡度 $S = 20°$，径流面与入渗面长度覆盖比 $C = 1.5:1.5$。

试验系统如图 4.2 所示。试验中将试验坡面分成两个部分，试验坡面上半段覆盖不透水塑料膜，使其入渗率为零，全部降雨汇集形成径流。坡面下半段为降雨及径流向土壤中入渗的坡段，该段上土壤除了入渗直接降雨外，还入渗由上半段流入的径流。试验时，在土槽底部装入一层粒径为 2～4 mm 的砂，以形成透水透气性能较好的透水边界。土样风干后过 4 mm 筛，装土前，测定土样初始含水率。按容重为 1.3 g/cm³，分层装入，每 5 cm 为一层。土样放入土槽中，搅拌均匀后进行压实等处理。装入下一层土前，先将前次装入的土层表面用工具打毛，以免使上下土层之间结构和水动力学特性均出现突变。整个土槽的装土深度为 50 cm。装土后用塑料薄膜覆盖进行密闭处理，次日进行试验，以使土样水分基本达到均一。

在本试验中，坡面覆盖的不透水塑料膜表面用乳胶均匀黏附一层打磨细砂粒，使表面保持一定的粗糙度，有利于汇集的水流均匀流下，坡面下半段为降雨/径流向土壤入渗坡段。整个试验过程分为以下两个阶段。

第一阶段：在试验开始阶段，上段坡面产生的径流在入渗坡段上推进，此过程用土槽侧壁上的标尺观察径流的推进距离。

第二阶段：随着土壤的入渗能力的降低，入渗坡段不能入渗全部的降雨和径流，坡面末端开始积水，积水深度随时间的变化用坡段尾部安装的垂直标尺观察。

根据上述讨论，由于本试验注重坡地土壤水分入渗过程的变化，从入渗开始逐渐达到稳定入渗直致产流的过程中，需要对中间变量的变化进行记录观察。径流推进过程和挡板处积水深度的变化是计算坡地地表降雨入渗率的基础数据。因此，与本研究有关的实验观测记录的项目如下：

（1）径流在坡面上的行进距离与时间的关系。在土槽的边缘标有刻度标尺。在试验过程中观察记录入渗段坡面上径流推进的平均距离，通过横置刻度尺观察确认径流平均推进的位置，通过土槽侧边的标尺读出径流推进距离；在降雨过程中，观测不同时刻产流面产生的径流在入渗面上的推进过程，记录推进距离和相应的时间。

（2）挡板处积水深度随时间的变化过程。挡水板为铅直状态，其上标有刻度。在有积水产生的情况下，降雨进行一段时间后，形成的径流推进到达挡水板后，在挡水板处开始形成积水。随着土壤入渗能力的进一步降低，挡水板处的积水深度随时间的推移不断增加。试验过程中，记录降雨过程中在挡水板处观测到的积水变化过程。

4.3 试验结果与模型误差分析

4.3.1 试验结果

图 4.3 为工况 I 情况下径流在入渗面地表的推进过程线。推进距离可以用时间的线性函数描述，相关系数为 0.991。而积水过程（图 4.4）与时间呈对数（或线性）关系，相关系数接近 1。用入渗能力模型式（4.5）计算得到的径流推进过程的入渗率和（或）用式（4.12）计算得到的积水过程中入渗率随时间的变化过程如图 4.5、图 4.6 所示。图 4.5、图 4.6 中同时列出了由回归得到的径流推进/积水与时间的关系以及由实际测量得到的径流推进/积水与时间的关系计算得到的入渗率曲线。图 4.5 表明，计算所得到的入渗率随时间的变化关系，很好地反映了土壤入渗性能的变化趋势，或者说入渗率随时间的变化在概念上是正确的。同时图 4.5、图 4.6 也说明，用回归径流推进/积水深度函数或实测值直接代入入渗率计算模型，得到的入渗率变化趋势是一致的，且结果差别不明显。回归模型本质上不会对计算结果产生很大影响，只要模型能够较好地反映水流推进/积水深度与时间的相关关系。同时由图 4.5、图 4.7 或图 4.8 可以看出，所得到的降雨入渗随

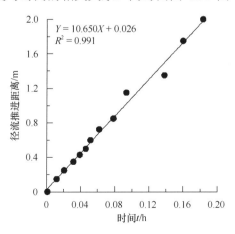

图 4.3　工况 I 径流推进与时间的关系

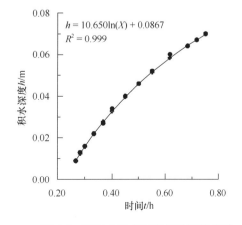

图 4.4　工况 I 积水深度与时间的关系

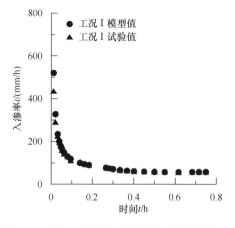

图 4.5　工况 I 模型与试验数据计算得到的入渗率

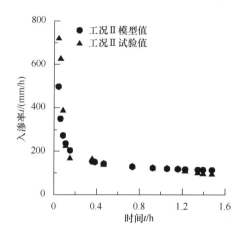

图 4.6　工况 II 模型与试验数据计算的入渗率

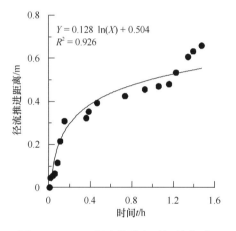

图 4.7　工况 II 径流推进与时间的关系

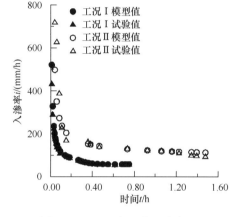

图 4.8　工况 I 与 II 的入渗率对比

时间的变化曲线是一条代表了土壤入渗全过程的曲线。以往的降雨器测量方法由于无法得到降雨早期的土壤很高的入渗率数据，因而无法反映土壤降雨入渗能力变化的全过程，这也正是我们所提出的方法的优越性所在。

图 4.7 表明，工况 II 情况下，降雨强度为 30 mm/h，降雨 1.5 h 后，径流在坡面上的推进仍然只达到 60～70 cm，并且随着时间的推移，径流在坡面上的推进趋于停顿。这一现象表明，在该段入渗面上，土壤的稳定入渗能力足以入渗全部直接降雨和入流的径流。即使时间进一步延长，径流在坡面上的推进也不会有很大变化。图 4.6、图 4.7 与图 4.3、图 4.5 比较再次说明，描述径流推进与时间关系的函数类型并不十分重要。线性、对数、直接测量结果均可以用来很好地计算入渗率。同时也说明，入渗率计算模型式（4.5）或式（4.12）具有反映土壤水入渗过程的良好性状。

从水量平衡的角度来看，工况 I 在积水后才达到稳定入渗率，该值应该小于 [60 mm/h × (2+1) m] /2，即 90 mm/h，其中 (2 + 1) m 为接受降雨的坡面长度，2 m 为入渗面的长度，因为有积水，所有降雨未能全部入渗。实际计算值为 58 mm/h。而图 4.5 和图 4.8 正说明了这种情况。工况 II 表明，在土壤表面达到稳定入渗时（径流在坡面上不再向前推进），所有来自产流面的水量和入渗面上的直接降水，在 60～70 cm 处（图 4.6）全部入渗，从而稳定入渗率不小于（1.5+0.6～0.7）m × 30 mm/h /（0.6～0.7） m = 94～105 mm/h. 实际计算值为 97 mm/h（径流推进距离采用试验数据）～113 mm/h（径流推进距离采用模型回归值）。工况Ⅱ的稳定入渗率约为工况Ⅰ的 2 倍。这一结果定量地表明，降雨/喷水强度对土壤入渗性能具有很大影响。如果采用很大的喷水强度，以期获取尽可能高的早期土壤入渗性能，这样就会导致后期很低的稳定入渗率。这一点，又表明了本章所提出的新方法的另一个优点。同时，上述数据表明，采用本章提出的方法测量得到的结果具有其合理性。

图 4.8 比较了两种试验工况得到的入渗率，工况Ⅰ的入渗率变化过程或稳定入渗率均远小于工况Ⅱ的值。这可能有两方面原因：工况Ⅰ的降雨强度较工况Ⅱ大，雨滴对地表土壤的打击大得多，不考虑雨滴大小的变化，工况Ⅰ的降雨对地表的打击能量至少是工况Ⅱ的 4 倍。更大的能量产生更大的击溅土壤侵蚀；同时，工况Ⅰ具有更大的水流驱使能力；侵蚀的土壤颗粒会堵塞地表土壤孔隙，或形成地表结皮，这样就会减少降雨入渗（Helalia et al., 1988；Morin et al., 1996）。这种土壤表层入渗特性的变化过程和影响结果是双环入渗仪无法直接反映的。另一个原因可能是，较大的降雨强度和较大的入流量，使得土壤表面的湿润速度加快，从而可能引起地表土壤结构崩解，产生的细粒物质堵塞地表土壤孔隙，减少入渗，增加径流和土壤侵蚀（Mamedov et al., 2001；Levy et al., 1997）。

4.3.2 模型误差分析

1. 测量径流前进距离的误差引起入渗速率（i）的误差

计算入渗速率（IR）的误差来源之一是由测量地表径流前进距离的误差而引起的。对式（4-5）微分得到：

$$\mathrm{d}i = -P\frac{x_1}{x^2}\mathrm{d}x \tag{4.13}$$

式（4-13）确定了由距离测量误差（$\mathrm{d}x$）引起的入渗率计算误差（$\mathrm{d}i$）的大小。

由式（4-5）及式（4-13）得到入渗率相对测量误差的绝对值 ζ 为：

$$\zeta = \left|\frac{\mathrm{d}i}{i}\right| \times 100\% = \frac{x_1}{x^2 + x \cdot x_1} \times 100\% \cdot \mathrm{d}x \tag{4.14}$$

在刻度分辨率 1 cm 的情况下，理论上估计误差为 0.5 cm。两种工况中，第一种工况的 x_1 是 100 cm，第二种工况的 x_1 是 150 cm。利用这些已知的数据，由距离观测误差 $\mathrm{d}x$ 引起入渗率的相对估计误差见图 4.9。图 4.9 表明两种工况下测量入渗率误差最大可能达到 50%，但相对误差随着坡地地表径流的推进而迅速减少。从具体数值上看，当推进距离达 5 cm 时（在时间上约为 0.5 min），入渗率相对误差迅速减少到 10%左右，并且接着缓慢下降无限接近于零。

2. 入渗水量平衡误差分析

传统的模拟降雨法（王玉宽，1991）及双环入渗仪均无法测量坡地降雨及径流同时作用下土壤入渗能力变化的全过程，因此不能直接将测量结果与双环入渗仪及传统模拟降雨法的测量结果进行对比。所以，将根据计算得到的入渗率计算入渗水量，通过与实际降雨量对比，即水量平衡的方法来估计测量方法的精度。

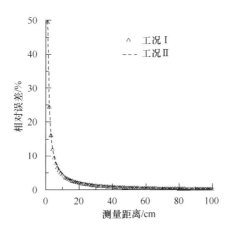

图 4.9 相对误差随测量距离的变化

当坡面不发生积水时,即所有的直接降雨和产流面的径流在坡面的某一长度内完全入渗到该段土壤内,利用式(4.5)可以计算得到某一时刻坡面上任意位置的入渗率。当坡面上的任意一点的入渗率随时间的变化过程(函数)已知时,就可以计算出该入渗时段内坡面上任意一点的累积入渗量。用入渗坡面长度内的入渗率对入渗面积积分,可以计算出给定坡面总入渗量 Q(m^3 或 l);当坡面发生积水,也就是产流面和入渗面上的降雨强度大于坡面土壤的入渗能力时,将坡面积水量累加至总入渗量 Q(m^3 或 l)。该 Q 值为计算入渗水量。试验过程中雨强大小稳定且时间已知,可很容易计算得到相应时段内的实际降雨供水总量 Q_0(m^3 或 l)。于是得到总计算入渗量与实际降雨供水量之间的相对误差:

$$\delta = \frac{Q_0 - Q}{Q_0} \times 100\% \tag{4.15}$$

式中,δ 为相对误差(%);Q_0 为坡段内实际降雨供水量,m^3;Q 为由计算入渗率计算得到的总入渗量,m^3。

数学过程如下:

$$Q = \int_0^L \int_0^T i(t,x) \mathrm{d}t \mathrm{d}x \tag{4.16}$$

式中,$i(t,x)$ 为入渗率;t 为时间,h;x 为距离,m;L 为入渗坡长,m;T 为计算时段内降雨历时,h。

式(4.16)可以用下列数值计算公式近似:

$$Q \approx W \sum_k \left(\sum_j i(t_j, x_k) \Delta t_j \right) \Delta x_k = W \sum_k I(x_k) \Delta x_k \tag{4.17}$$

式中,t($\mathrm{d}t$)为时间步长,h;x($\mathrm{d}x$)为坡长步长,m。

在相应坡长和降雨历时下,降雨对坡面实际供水量(Q_0)为

$$Q_0 = WL \int_0^T p \mathrm{d}t \cdot \cos\alpha \tag{4.18}$$

表 4.2 列出了两种工况的误差,工况 I 与工况 II 的整体误差分别为 6.71% 和 5.49%,这些数据更进一步证明了该测量方法及模型的可行性。

表 4.2 测量误差分析

工况	降雨量/L	入渗量/L	误差/%
Ⅰ	134.49	125.46	6.71
Ⅱ	89.73	85.70	4.49

3. 测量误差的解析结果

由式（4.16）可得，通过入渗率与时间的关系 $i(t)$ 及径流推进距离与时间的关系 $x(t)$ 可求出水量平衡计算的解析解，与实际供水降雨量比较，代入式（4.15）计算水量平衡相对误差。由图 4.3 及图 4.6 得出两种工况下入渗水流坡面推进距离随时间变化的关系及入渗率随时间变化的关系曲线拟合结果（表 4.3）。

表 4.3 曲线拟合关系式

曲线形式	拟合方程式	相关系数
入渗率曲线（工况Ⅱ）	$i=1485.96e^{-20.777t}+120.76$	0.976
入渗率曲线（工况Ⅰ）	$i=495.14e^{-31.631t}+63.24$	0.960
推进距离与时间曲线（工况Ⅱ）	$x=0.128\ln(t)+0.504$	0.926
推进距离与时间曲线（工况Ⅰ）	$x=10.65t+0.026$	0.991

将拟合方程式代入式（4.16）计算得两种工况下水量平衡解析解及相对误差。式（4.19）、式（4.20）中，在坡面径流推进覆盖区域，土壤入渗率表现为土壤的入渗性能 $i(t)$，径流未到达覆盖区域土壤入渗率等于雨强 p 大小，对入渗坡长 L 在降雨历时 T 内积分计算得出两种工况下总入渗水量 $Q(L)$。与实际降雨供水量 Q_0 比较计算相对误差（%）。

工况Ⅰ：

$$Q = \int_0^L \int_0^T i(t,x)\mathrm{d}t\mathrm{d}x = \int_0^T [\int_0^{x(t)} i(t)\mathrm{d}x + \int_{x(t)}^L p\mathrm{d}x]\mathrm{d}t$$

$$= \int_0^{0.75}[\int_0^{10.65t+0.026}(495.14e^{-31.631t}+63.24)\mathrm{d}x + \int_{10.65t+0.026}^{2} 60\mathrm{d}x]\mathrm{d}t + Q_{\text{Runoff}} \quad (4.19)$$

$$Q = 105.445 + 28.004 = 133.449(L)$$

实际降雨供水量 $(Q_0) = 60 \times 3 \times 0.75 \times \cos(5/180 \times \pi) = 134.486(L)$

代入式（4.15）得计算入渗量与实际降雨供水量之间的相对误差为 0.781%。

工况Ⅱ：

$$Q = \int_0^L \int_0^T i(t,x)\mathrm{d}t\mathrm{d}x = \int_0^T [\int_0^{x(t)} i(t)\mathrm{d}x + \int_{x(t)}^L p\mathrm{d}x]\mathrm{d}t$$

$$= \int_0^{1.457}[\int_0^{0.128\ln(t)+0.504}(1485.96e^{-20.777t}+120.76)\mathrm{d}x + \int_{0.128\ln(t)+0.504}^{0.658} 30\mathrm{d}x]\mathrm{d}t \quad (4.20)$$

$$Q = 89.10(L)$$

实际降雨供水量 $(Q_0) = 30 \times (1.5+0.658) \times 1.475 \times \cos(20/180 \times \pi) = 89.733(L)$

代入式（4.15）得计算入渗量与实际降雨供水量之间的相对误差为 0.705%。

4.4 入渗率与累积入渗量动态变化过程

4.4.1 不同坡位入渗率变化过程

累积入渗量和入渗率均是衡量土壤入渗性能的重要指标。图 4.10～图 4.15 为两种工况下坡顶、坡中和坡底的土壤入渗率随时间变化的过程曲线,从图中可看出,不同坡位土壤入渗率曲线初始数值均与雨强大小相等,为 60mm/h(工况Ⅰ)或 30mm/h(工况Ⅱ)。这一现象表明,降雨入渗试验过程中,在产流面上汇集的径流到达之前,土壤的初始入渗率较大,足以完全入渗全部降雨,因此测量得出的入渗率曲线初始平直部分数值上等于降雨强度,这一阶段为降雨控制阶段。不同坡位土壤入渗率曲线相互比较表明,两种工况下不同坡位入渗率曲线在不同时刻均出现跃升现象,各入渗率曲线跃升时间坡顶早于坡中,坡中早于坡底,曲线跃升后开始缓慢下降,而且下降趋势过程重合。这一现象说明,径流在入渗面从坡顶向坡底推进过程中,径流所流经处土壤得到坡面上方径流的水量补给,供给入渗的水量迅速增多,使得土壤的实际入渗率达到土壤的入渗性能。这一阶段为土壤入渗能力控制阶段。由于径流在入渗面上从坡顶向坡底推进过程需要一定的时间,因此不同坡位入渗率曲线跃升时刻从坡顶向坡底依次推后。

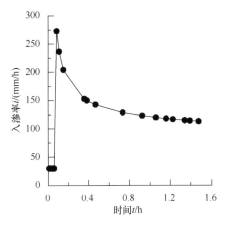 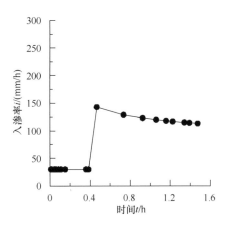

图 4.10 坡顶部土壤入渗过程(工况Ⅱ)　　图 4.11 坡中部土壤入渗过程(工况Ⅱ)

两种工况下相同坡位入渗率曲线比较得出,在同一坡位处工况Ⅰ入渗率曲线跃升时刻均早于工况Ⅱ。这一现象表明,工况Ⅰ入渗面上径流推进速度比工况Ⅱ更快,尽管工况Ⅱ的产流面面积为工况Ⅰ的 1.5 倍,但工况Ⅰ的雨强为工况Ⅱ的 2 倍,故相同时间内工况Ⅰ产流面汇集的雨量比工况Ⅱ更多。不同坡位土壤入渗率曲线同一工况相互比较表明,土壤入渗性能控制阶段,相同工况下不同坡位入渗率曲线下降趋势轨迹重合。这一现象表明,不同坡位入渗率曲线进入土壤入渗能力控制阶段后均为土壤入渗性能曲线,而任一工况下土壤入渗性能曲线是唯一的。

4.4.2 不同坡位累积入渗量变化过程

坡面上某一给定点(x_k)处累积入渗量[$I(x_k)$]为该点的入渗率对时间(t)的积分,其近似计算公式为

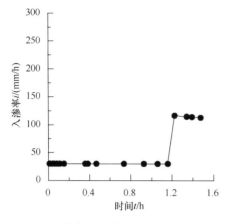

图 4.12 坡底部土壤入渗过程（工况Ⅱ）　　图 4.13 坡顶部土壤入渗过程（工况Ⅰ）

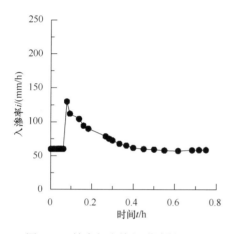
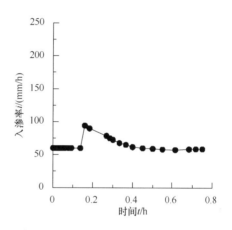

图 4.14 坡中部土壤入渗过程（工况Ⅰ）　　图 4.15 坡底部土壤入渗过程（工况Ⅰ）

$$I(x_k) = \sum_j i(t_j, x_k) \Delta t_j \tag{4.21}$$

图 4.16 和图 4.17 分别为两种工况下不同坡位的累积入渗量随时间变化的过程曲线。对坡顶部、坡中部、坡底部土壤累积入渗量进行计算比较，任意坡位处的累积入渗量在试验降雨开始后都逐渐增加。工况Ⅱ比工况Ⅰ产流面区域更大且试验持续时间更长，所以累积入渗量总量更大。在试验过程中，雨强大小分布均匀，随着径流在入渗面上推进使得土壤从坡顶至坡底的实际入渗率逐渐出现如图 4.10～图 4.15 所示的跃升变化。对实际入渗率受坡面上是否有径流提供的水量有极大的影响，当有径流提供水量供给时，坡面的实际入渗率为土壤的入渗性能，当没有径流时，实际入渗率为降雨强度。所以径流达到时刻早，则相同时段内的累积入渗量就大，而径流在坡面上是从坡顶向坡底推进，因此，土壤的累积入渗量为坡顶>坡中>坡底，图 4.16 和图 4.17 都正好说明了这种情况。随着降雨/径流入渗过程的持续，坡面上各点的入渗率达到相同，均为土壤的入渗性能，并趋近于土壤的稳定入渗率，图形上表现为所有累积入渗量曲线都逐渐逼近线性函数关系，且相同工况下接近相互平行。余新晓和陈丽华（1989）、王全九等（2000）等通过公式推导证明累积入渗量与入渗时间的平方根呈线性关系，把二者的关系用线性方程拟合，回归分析表明拟合方程达显著水平（表 4.4）。比较图 4.16 与图 4.17 得出，由于工

况Ⅰ径流在入渗面上推进的速度比工况Ⅱ更快,坡顶、坡中和坡底累积入渗量上升趋势差别较小,不同坡位累积入渗量差值也较小,工况Ⅱ累积入渗量曲线上升趋势则从坡顶至坡底出现明显的延迟,且不同坡位累积入渗量差值较大。

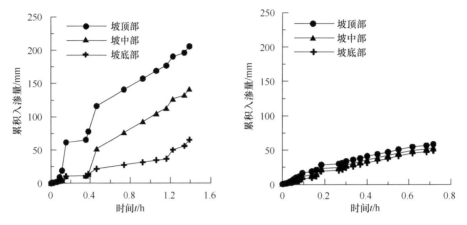

图 4.16 不同坡位累积入渗量对比(工况Ⅱ)　　图 4.17 不同坡位累积入渗量对比(工况Ⅰ)

表 4.4　累积入渗量与时间拟合关系式

累积入渗量曲线	拟合方程式	相关系数
坡顶部累积入渗量曲线(工况Ⅱ)	$Y=192.94t^{1/2}-29.09$	0.97
坡中部累积入渗量曲线(工况Ⅱ)	$Y=127.31t^{1/2}-28.21$	0.90
坡底部累积入渗量曲线(工况Ⅱ)	$Y=48.34t^{1/2}-8.85$	0.89
坡顶部累积入渗量曲线(工况Ⅰ)	$Y=78.80t^{1/2}-8.89$	0.99
坡中部累积入渗量曲线(工况Ⅰ)	$Y=73.24t^{1/2}-10.48$	0.98
坡底部累积入渗量曲线(工况Ⅰ)	$Y=66.09t^{1/2}-10.07$	0.96

第 5 章 产流排水测量方法

5.1 测量原理与计算模型

目前，双环入渗法是测定土壤入渗速率最常用方法之一。双环法（Bouwer，1986）采用两个同心环入渗装置，内外环中维持同样水层深度，通过记录某一时段的入渗量来计算土壤入渗率变化过程。携带方便，适于野外使用；结构简单，造价低。但双环法不便于在坡面上使用，必须将坡面整理平整后再用双环入渗仪测量坡地土壤入渗速率，坡面的连续性势必被破坏，对于坡面土壤真实入渗性能的反映有一定的影响；而且在试验开始时，向内外环迅速注水过程中，可能由于土壤湿润速度过快引起土壤结构崩解，产生的细粒物质堵塞地表土壤孔隙，减少入渗，增加径流和土壤侵蚀；并且双环仪也不能测得初始时很高的土壤入渗能力，双环入渗仪测量得到的入渗率曲线初始时也受到了供水的限制。理论下双环入渗仪的供水马氏瓶可以充分满足入渗的要求，但实际上其供水流量受到马氏瓶出水口过流能力的限制，土壤入渗在供水限制状态下进行，测量的入渗率小于土壤的入渗性能。

人工模拟降雨法（Singh et al.，1999；Adam et al.，1957）更接近于实际天然降雨情况下的土壤水入渗过程，为无压入渗，通常雨强大小可调，使用不受地形限制。但类似装置普遍受降雨强度的限制，不能测量得到早期很高的土壤水入渗率，初始入渗率受限于雨强大小，在地表产生径流前测量出的初始入渗率均等于雨强大小，无法真实反映出土壤在降雨初始阶段较高的入渗性能，土壤入渗为处于供水限制条件下的行为。

雷廷武等（2003）在专利"坡式土体入渗率的测试装置"中对土壤入渗机理进行了阐述。将坡式土体入渗分为两个阶段：第一阶段为自由入渗阶段，即供水强度小于土壤入渗率时，此时实际发生的入渗率为实际供水强度。随着时间的推移，当供水强度大于土壤的入渗率时，超出入渗率的供水则形成了地表径流，此时，表现为实际的入渗能力，即第二阶段，也称为积水或有压入渗。通过在坡段土体覆盖不透水板产流，大大提高了自由入渗阶段的供水强度，很大程度上可以满足降雨入渗初期土壤较高的入渗能力，通过水量平衡计算可以计算出土壤的入渗能力。

产渗流积水法是在专利（雷廷武等，2003）"坡式土体入渗率的测试装置"的基础上进一步做了试验。在产流坡段覆盖不透水薄膜，人工观测并记录入渗坡面上水流推进距离随时间变化过程，同时在坡段底部发生积水后观测记录水位上升高度的变化，水流在坡面推进速度及坡底积水位高度上升的快慢反映出了土壤入渗性能的变化，推导得出以入渗坡面水流推进距离及积水位上升高度为变量的土壤入渗率数学模型方程，对产渗流法原理进行了较为完整的阐述。尽管在试验过程中观测水流推进距离时尽可能精确，记录水流平均推进距离，但是由于水流在坡面上推进具有较强的随机性，而且观测过程中由于水流在入渗坡面上边界推进的不均匀性，需要人为判断水流推进的平均距离，一定程度上影响了试验数据及计算结果的精度。

产渗流入渗法是在产渗流积水法及专利"坡式土体入渗率的测试装置"的基础上进一步发展的。在上述理论试验基础上，设计了一种适用于野外/室内测量土壤降雨入渗性能的仪器——产渗流入渗仪。在试验过程中通过高精度相机固定位置拍摄水流在入渗坡面的推进覆盖面积，利用固定直尺作为比例尺，即可对水流在入渗坡面的推进过程进行较为精确的观测，相当于整个降雨入渗过程中土壤入渗能力的变化也就被记录下来。试验说明，该装置提供了一种测量降雨、侵蚀和径流影响下土壤入渗性能动态变化过程新途径，将为水文、土壤侵蚀、水资源研究等提供有力的工具。

5.1.1 产流排水法测量原理

入渗性能是土壤表面充分供水的条件下土壤的实际入渗率，初始时土壤的入渗能力很大，要测得此时的土壤入渗能力，必须供给很大的水量。而随着降雨的持续，土壤的入渗能力降低。设计的测量系统见图5.1。

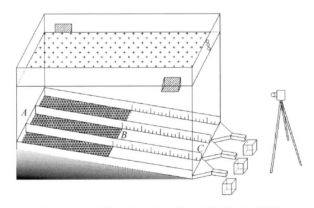

图 5.1　土壤降雨入渗能力测定方法原理示意图

如图 5.1 所示，AB 段为降雨汇集产流面。该段覆盖不透水材料后入渗率为零，全部降雨汇集形成径流。BC 段为降雨和（或）径流向土壤中入渗的坡段。坡面土壤除了入渗直接降雨外，还入渗由 AB 段流入的径流水量。在给定雨强下，土壤的动态入渗过程及其与土壤的入渗能力、降雨和（或）径流的交互作用关系描述如下：初始时，土壤入渗能力很高，入渗坡面不仅入渗直接降落的雨水，而且还将产流面上产生的径流在很短的距离内渗入土壤之内，径流在坡面上方推进很短距离。随着降雨过程的推移，土壤入渗能力逐渐降低，土壤除入渗直接降雨外，其入渗径流的能力逐步减弱，将需要较长的坡面入渗同样的径流，即随着降雨持续，径流将随着土壤的入渗能力降而在坡面上向前推进。产流面产生的径流不但满足了初始时土壤入渗能力大，需要补充供水才能测得其量值的要求；同时，径流在坡面上随时间推进的过程也反映了坡面土壤入渗能力随时间减低的规律。随着降雨继续进行，土壤的入渗能力进一步降低，并将最终趋于土壤的稳定入渗率。而入渗能力的降低，可能使得降雨强度和径流之和大于入渗坡段土壤的入渗能力，形成地表径流，或者在积蓄径流时产生积水或有压入渗。

随着降雨时间的延长，当坡面土壤的入渗能力不足以入渗全部的降雨和（或）叠加的径流，直至可能不能入渗直接降雨本身，坡面便开始产流。当坡面下部出现积水时，径流出流量随着土壤表面入渗能力的降低而增加。径流出流量随时间变化关系可以用于估计坡面径流出流后土壤的入渗能力。

为了计算土壤的入渗能力，做出如下假定：

（1）降雨入渗过程中，由于降雨历时较短和空气的相对湿度较大等原因，对土面蒸发忽略不计。

（2）入渗能力的大小与入渗的水量无关，而仅与降雨历时有关，即累积入渗量大的地方和累积入渗量小的地方土壤水分入渗能力遵循同一曲线。

（3）当处于产流情况时，因径流水层深度很浅，可忽略产流处与未产流处的土壤入渗能力微小差异，即假定此时整个坡面的入渗均可视为无压入渗的情况，以便确定土壤入渗的整体趋势。

5.1.2 产流排水法试验模型

1. 径流推进阶段的入渗率计算模型

假定土体宽度为 W（m），降雨强度为 P（mm/h），产流面沿坡面的长度为 x_1（m），产流面产生的径流量为 R（m³），时间历程为 t（h）。由于地表地形和/或地表土壤微观上的差异，流入入渗坡面上的水流可以为任意分布形式，设水流 t 时刻水流在坡面上推进的面积为 $A(t)$（m²），累积入渗水量为 I（mm），随时间变化的入渗率为 $i(t)$（mm/h），临界时间（即径流开始流出坡面的时间）为 t_0（h）。在时间 $t \leqslant t_0$ 的某一时段 t 到 $t+\Delta t$ 内，产流面产生的径流在入渗段上由 A 推进到 $A+\Delta A$ 处，坡面上的累积入渗量为 I（mm），考虑该时段内 $A+\Delta A$ 面积上的水量（m³）平衡有

$$\text{土壤入渗的水量} = \text{累计降雨量} + \text{径流流入量} \tag{5.1}$$

即

$$\begin{cases} \text{土壤入渗量} = \Delta I \cdot (A + \Delta A/2)\cos\alpha \\ \text{累计降雨量} = P(A + \Delta A/2)\cos\alpha \Delta t \\ \text{径流流入量} = Px_1 \cos\alpha \cdot W \cdot \Delta t \end{cases} \tag{5.2}$$

式中，α 为坡面的坡度，（°）或弧度。

将式（5.2）代入式（5.1），并忽略高阶无穷小，得

$$\Delta I \cdot A\cos\alpha = P(x_1 W + A)\cos\alpha \cdot \Delta t \tag{5.3}$$

由于入渗率是入渗量对时间的导数，从而由式（5.3）有

$$i = \frac{dI}{dt} = \lim_{\Delta t \to \infty}\left(\frac{\Delta I}{\Delta t}\right) = P\left(\frac{x_1 W}{A} + 1\right) \tag{5.4}$$

即有径流推进阶段土壤降雨入渗率计算模型为

$$i = P\left(\frac{x_1 W}{A} + 1\right) \tag{5.5}$$

式（5.4）或式（5.5）表明，在径流推进阶段，坡面土壤入渗率为对降雨的直接入渗部分和对流入径流的入渗部分的叠加。同时还可以看出，当开始降雨时，土壤入渗能力很大，径流只在坡面上很有限的面积上分布，式（5.5）中右边第一项（由于 A 很小）可以取得很大的值，从而模拟了土壤水入渗能力初始时很大而后随时间推移入渗迅速下降（A 迅速增大）这种瞬态变化的物理过程。由式（5.5）可看出，达到稳定入渗率的条

件是入流水流推进的面积达到恒定，不再随时间变化。

2. 坡面上有径流出流时入渗率的计算模型

在坡面流入的径流的前锋到达入渗面的下端以后（降雨历时大于 t_0），一方面部分坡面入渗直接降雨和部分入流径流，另一方面未能完全入渗的入流径流和（或）降雨形成出流径流，由坡面的下部流出坡面，累积流出的水量（Q,L）随时间增加，在微小时段 t 到 $t+\Delta t$ 内，入渗面积 $A+\Delta A$ 内有出流径流情况下的降雨、入渗、径流出流水量平衡：

$$\text{土壤入渗的水量} = \text{累计降雨量} + \text{径流流入量} - \text{出流水量} \tag{5.6}$$

$$\begin{cases} \text{土壤入渗量} = \Delta I \cdot (A + \Delta A/2)\cos\alpha \\ \text{累计降雨量} = P(A + \Delta A/2)\cos\alpha \Delta t \\ \text{径流流入量} = Px_1 \cdot W\cos\alpha \end{cases} \tag{5.7}$$

时段 t 内流出坡面的径流量为

$$\text{出流水量} = \Delta Q = q \cdot \Delta t \tag{5.8}$$

式中，q 为随时间变化的出流流量，L/h。

将式（5.7）、式（5.8）代入式（5.6）得

$$\Delta I \cdot A\cos\alpha = P \cdot A \cdot \cos\alpha\Delta t + P \cdot x_1 \cdot W\cos\alpha\Delta t - \Delta Q \tag{5.9}$$

即有：

$$i_1 = \frac{dI}{dt} = \lim_{\Delta t \to 0}\left(\frac{\Delta I}{\Delta t}\right) = P\left(\frac{x_1 W}{A} + 1\right) - \lim_{\Delta t \to 0}\left(\frac{\Delta Q}{\Delta t}\right)\frac{1}{\cos\alpha} \tag{5.10}$$

从而，坡面有径流出流阶段土壤的降雨入渗率计算模型为

$$i_1 = P\left(\frac{x_1 W}{A} + 1\right) - \frac{q}{A\cos\alpha} \tag{5.11}$$

式（5.11）表明，在坡面上有径流出流时，坡面土壤入渗率为对降雨的直接入渗部分和对流入径流的入渗部分的叠加，并扣除出流水流流量表征的入渗率的降低。同时还可以看出，当入渗率降低到小于降雨强度时，有

$$i_1 = P\left(\frac{x_1 W}{A} + 1\right) - \frac{q}{A\cos\alpha} < P \tag{5.12}$$

即

$$q > Px_1 W\cos\alpha \tag{5.13}$$

由式（5.10）可看出，达到稳定入渗率的条件是入流水流推进的面积和出流流量都达到恒定，不再随时间变化。

5.2　试验材料与方法

5.2.1　产渗流入渗仪设计及参数测定

1. 产渗流入渗仪设计

根据径流产流法测量原理，产渗流入渗仪结构设计如图 5.2 所示。

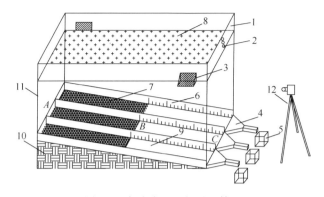

图 5.2 产渗流入渗仪设计简图

1. 承水箱；2. 出水孔；3. 振动器；4. 径流收集口；5. 径流收集盒；6. 径流侧挡板；7. 径流引导槽；
8. 针头；9. 入渗坡面；10. 坡面土壤；11. 降雨器支腿；12. 影像拍摄系统

产渗流入渗仪承水箱箱体由薄层不锈钢板制成，具有耐锈蚀、对水质无污染、经久耐用等优点。在承水箱一侧根据人工标定的雨强数值安装有出水孔，在试验过程中能够保持恒定水位，不同位置高度的出水孔代表不同的恒定雨强。根据本次试验要求考虑，承水箱设计尺寸为 220 cm×70 cm×20 cm，径流引导槽尺寸为 100 cm×15 cm×10 cm，径流侧挡板尺寸为 200 cm×20 cm。其中径流引导槽由薄钢板一次性机械冲压成型，在表面涂刷万能粘胶水，并将砂布铺平压实粘贴在薄钢板上，以利于图中 AB 段收集的雨水均匀流向入渗土体 BC 段，不发生雨水集聚并流现象，而且能有效减少雨滴降落在引导槽内溅起的流失量。承水箱内按照等间距均匀打孔，并通过万能胶水将医用橡皮胶塞（蘑菇状）粘在孔内，保证水不从橡皮胶塞周围发生侧漏，每个橡皮胶塞内插入一个普通医用针头作为雨滴模拟发生器。在承水箱的两侧位置分别安装了两个偏心轮电机振动器，试验过程中为了达到较好的振动效果，使雨滴从针头下落时更为接近实际降雨的随机性，偏心轮电机的供电电源由调压器控制，通过不同的输出电压控制电机的转速，间接达到控制针头随机共振的程度。径流侧挡板整体上将下垫面试验区域划分为三个土槽，代表三个重复试验，侧挡板在入渗土体 BC 段位置上粘贴有钢制直尺，便于试验过程拍摄时后期图像处理作为参考坐标。承水箱放置在角钢制作的框架内，框架通过铁链铰接在钢制支架上，铰链可以在二维平面内任何角度自由旋转，使得雨滴振动效果为平面上振动，而不是线性的一维振动；另外，铰链作为软连接削减了偏心轮电机振动传送至支架，有利于支架的整体稳定性。四个支腿均设计了可升降螺旋，便于在坡地上试验时承水箱亦能保持水平状态，支腿底部支撑上方约 15 cm 处设置了一个铁圆环，增大受力面积，防止支腿陷入土壤过深。径流收集口采用薄白铁皮加工而成。为了防止径流侧漏，试验前侧挡板与径流收集口用防水胶带粘接，安装径流收集口保持一定的顺坡度，确保径流平顺过渡到收集盒内。

2. 产渗流入渗仪参数测定

1）雨滴直径测定

雨滴直径的测定采用滤纸测定法（Marshall and Palmer，1948）。滤纸选用杭州新华造纸厂生产的 Φ15 cm 定性中速滤纸，涂料采用大红水溶性曙红染料和滑石粉混合粉末，其质量比为 1:10，使用前用板刷将混合粉末薄薄地均匀涂在滤纸上。取承接雨滴滤纸若干张，逐一量取各色斑直径，并按分组统计的方法，计算各直径级雨滴的体积及出现次数，计算各直径级雨滴体积占总体积的百分数，绘制雨滴体积按直径分布图（图 5.3），单个雨滴体积按近似球体体积计算 $v = 4\pi R^3/3$，从图上求出该次降雨的中数直径。根据姚文艺和汤立群（2001）的研究，普通不同型号针头水滴直径 d 与色斑直径 D 的关系为：

$$d = 0.46D^{0.66} \tag{5.14}$$

试验不同雨强下雨滴中数直径分布如图 5.3 所示。

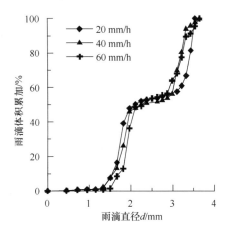

图 5.3　不同雨强雨滴中数直径分布

试验过程中在三种雨强下分别进行了雨滴中数直径测定，图 5.3 所示三种雨强下雨滴中径 d_{50} 都约为 2.5 mm。从图中可以看出，60 mm/h 和 40 mm/h 雨强下雨滴直径组成大于 20 mm/h 雨强，说明雨强较大时，雨滴直径组成相应增大，雨滴对地表打击动能也相应加大，符合天然降雨特性，故能够较好的模拟天然降雨。

2）降雨均匀度测定

降雨均匀度可以通过不同测点处雨强（降雨量）进行计算。通常，降雨分布是否均匀一般采用均匀系数 K 表示，均匀系数 K 值越高，降雨分布的均匀性越好。当 $K \geqslant 80\%$ 时，称均匀程度为好。计算式如下：

$$|\Delta H| = \frac{\sum_{i=1}^{n} |H_i - \bar{H}|}{n} \tag{5.15}$$

$$K = 1 - \frac{|\Delta H|}{\bar{H}} \tag{5.16}$$

$$r = (i_{大} - i_{小})/i_{大} \tag{5.17}$$

式中，$|\Delta H|$ 为平均离差；H_i 为每个测点的雨量，mm；$\bar{H}$ 为散水面积上的平均降雨量，mm；r 为重复性误差，%。

试验中用 6 组矩形盒作为重复均匀分布摆放在降雨器下，降雨历时为 30 min，雨量、雨强及均匀度转换计算结果见表 5.1。

表 5.1　雨强及均匀度测量结果

组号	降雨历时/min	降雨量/mL	降雨强度/(mm/h)	平均雨强/(mm/h)	均匀度 k	重复性误差 r/%
1	30	318	10.260	10.015	0.96	4.76
2	30	303	9.771			
3	30	355	11.464	11.076	0.96	6.76
4	30	331	10.688			
5	30	313	10.100	10.041	0.96	1.15
6	30	309	9.983			
1	30	670	21.613	22.419	0.98	6.94
2	30	720	23.226			
3	30	700	22.569	23.273	0.98	5.87
4	30	743	23.977			
5	30	705	22.737	22.859	0.98	1.06
6	30	712	22.981			
1	30	864	27.862	28.528	0.99	4.56
2	30	905	29.194			
3	30	868	27.990	29.044	0.99	6.99
4	30	933	30.097			
5	30	847	27.327	28.539	0.99	8.15
6	30	922	29.751			

5.2.2　试验材料

为了检验产渗流入渗仪的测量效果，试验在中科院水土保持研究所黄土高原土壤侵蚀与旱地农业国家重点实验室内进行，产渗流入渗仪放置在 3 m×8 m 可升降式土槽上试验。为了进行比较分析，同时用双环入渗仪进行试验。双环入渗仪参照荷兰 Eijkelkamp 公司设计标准，内环直径采用 28 cm，外环直径采用 53 cm，由马氏瓶通过橡胶软管对内环恒定供水，马氏瓶放置在精度为 1g 的电子秤上，实现水量变化连续观测。实验所用土壤为陕西杨凌黏黄土，土样均采自地表 30 cm 土层，其颗粒组成见表 5.2。

表 5.2　供试土壤颗粒组成　　　　　　　　　单位：%

指标	粒径范围/mm						
	1~0.25	0.25~0.05	0.05~0.01	0.01~0.005	0.005~0.001	<0.001	<0.01
含量	0.4	8.6	44	13	22	12	47

试验系统如图 5.4 所示。试验中将试验坡面分成两个部分，上半段覆盖不透水材料，使其入渗率为零，全部降雨汇集形成径流。坡面下半段为降雨及径流向土壤中入渗的坡段，该段上土壤除了入渗直接降雨外，还入渗由上半段流入的径流。

实验时，在土槽底部装入一层粒径为 2~4 mm 的粗砂，以形成透水透气性能较好的透水边界。土样风干后过 5 mm 筛，将土壤含水量调整到 10%（相当于该种土壤 30%的田间持水量），密闭放置 7~10 天，使土壤水分分布尽可能均匀。按容重为 1.3 g/cm³，分层装入，每 5 cm 为一层，总装土厚度 20 cm。装土压实过程中为了更接近实际野外土壤结构，避免土壤孔隙结构碾压密实，将长钢钉固定在角钢条/板上插实土壤，土壤紧实后土

图 5.4 产渗流入渗仪试验装置

壤孔隙依然保持一定的结构，为了保证土壤均一性，装土后用塑料薄膜进行密闭覆盖处理，防止空气湿度对表层土壤的影响，次日进行试验，以使土壤水分进一步均匀。

5.2.3 试验方案

本研究采用以下两种试验工况，以说明试验方法原理和仪器设计的功效性。

工况Ⅰ：雨强 $P = 20$ mm/h，坡度 $S = 0º$，产流面与入渗面长度覆盖比 $C = 1:1$；

工况Ⅱ：雨强 $P = 60$ mm/h，坡度 $S = 20º$，产流面与入渗面长度覆盖比 $C = 1:1$。

本研究首先在土槽处于水平状况下，采用双环入渗仪测量土壤的入渗性能。用于对照说明该方法与双环入渗仪间的差异与规律。再调节土槽到设定坡度，进行给定实验。

根据上述讨论，径流推进过程和累积径流出流量（或流量）的变化是计算入渗率的基础数据。因此，与本研究有关的实验观测记录的项目：

（1）径流在坡面上的面积与时间的关系。在土槽的边缘标有刻度标尺。在降雨过程中，用数码照相机记录不同时刻产流面产生的径流在入渗面上的推进过程，在图形处理环境下计算不同时刻径流推进的面积。

（2）径流出流量随时间的变化过程。在入渗坡面的下方，用有刻度的采样瓶收集径流。在有径流出流的情况下，降雨进行一段时间，坡面径流推进到达入渗面下端后，产生径流出流。随着土壤入渗能力的降低，出流流量随时间的推移不断增加。试验过程中，记录径流流量随时间的变化过程，可能还需要同时记录径流在坡面上的推进过程。

5.3 试验结果与模型误差分析

5.3.1 试验结果

图 5.5 为工况Ⅰ情况下径流在入渗面地表推进的面积与对应时间关系过程线。推进

面积可以用时间的线性函数描述，确定系数为 0.979。而由于雨强小，入渗坡面未产生流出坡面的径流。这一现象表明，在该段入渗面上，土壤的稳定入渗能力足以入渗全部直接降雨和入流的径流。即使时间进一步延长，径流在坡面上的推进也不会有很大变化。整个土壤的入渗能力由记录数据采用模型式（5.11）计算得到，如图 5.6 所示。图 5.6 中同时给出了由回归得到的径流推进面积与时间的关系（模型结果）以及由实际测量得到的径流推进面积与时间的关系计算得到的入渗率曲线（实验结果）。图 5.6 表明，计算所得到的入渗率随时间变化的关系，很好地反映了土壤入渗性能的变化趋势，或者说入渗率随时间的变化在概念上是正确的。同时图 5.6 也说明，用回归径流推进面积函数或实测值直接代入入渗率计算模型，得到的入渗率变化趋势是一致的，且结果差别不明显。回归模型本质上不会对计算结果产生很大影响，只要模型能够较好地反映水流推进面积与时间的相关关系。同时由图 5.6 还可以看出，所得到的降雨入渗随时间的变化曲线是一条代表了土壤入渗全过程的曲线。以往的降雨器测量方法由于无法得到降雨早期的土壤很高的入渗率数据，因而无法反映土壤降雨入渗能力变化的全过程，这也正是所提出的方法的优越性所在。

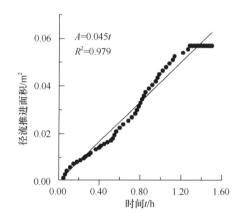 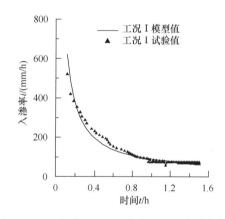

图 5.5　工况 I 径流推进面积与时间的关系　　图 5.6　工况 I 模型与试验数据计算得到的入渗率

图 5.7 表明，工况 II 情况下，降雨强度为 60 mm/h，在 0.3 h 后，径流在坡面上的推进的面积达到入渗面的面积，坡面底端也开始有径流流出。随着时间的推移，流出坡面的径流量稳定增长，表明出流流量基本稳定。图 5.8 所示为径流出流水量与时间的关系。而图 5.9 所示则为由测量得到的径流面积在坡面上的推进、径流出流随时间的变化过程代入式（5.11）后直接计算得到的土壤入渗性能（实验结果）与相应各量的模型代入式（5.11）计算得到的结果（模型结果）的对比。结果表明，直接测量结果或模型值均可以用来很好地计算入渗率。同时也说明，入渗率计算模型式（5.5）或式（5.11）具有反映土壤水入渗过程的良好性状。

图 5.10 比较了两种试验工况得到的入渗率及由双环入渗仪测量得到的土壤入渗性能结果。工况 I 的入渗率变化过程或稳定入渗率均显著不同于工况 II。这可能有两方面原因：工况 II 的降雨强度和坡度较工况 I 大，雨滴对地表土壤的打击能量更大。更大的能量产生更大的击溅土壤侵蚀；同时，工况 II 具有更大的水流流量，可能引起更多的土壤侵蚀；侵蚀的土壤颗粒会堵塞地表土壤孔隙，或形成地表结皮，这样就会减少降雨入

渗（Aken and Yen，1984）。这种土壤表层入渗特性的变化过程和影响结果是双环入渗仪无法直接反映的。另一个原因可能是，较大的降雨强度和较大的入流量，使得土壤表面的湿润速度加快，从而可能引起较小雨强、小入流流量时更严重的地表土壤结构崩解，产生的细粒物质堵塞地表土壤孔隙，减少入渗，增加径流和土壤侵蚀。双环入渗仪测量的结果表明，对于试验所用土壤，其测得的瞬态入渗性能和稳定入渗率均明显小于本方法测量的结果，这同样可能是由于双环入渗仪快速湿润土壤引起土壤结构崩解所致。并且双环仪也不能测得初始时很高的土壤入渗能力，双环入渗仪测量得到的入渗率曲线初始时也受到了供水的限制。理论条件下双环入渗仪的供水马氏瓶可以充分满足入渗的要求，但实际上其供水流量受到马氏瓶出水口过流能力的限制，土壤入渗在供水限制状态下进行，入渗曲线率接近水平，且测量的入渗率小于土壤的入渗性能。

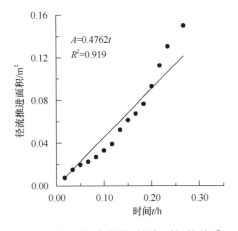

图 5.7 工况 II 径流推进面积与时间的关系

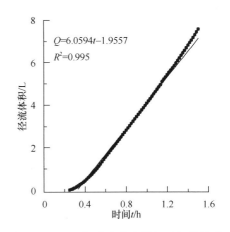

图 5.8 工况 II 径流出流水量与时间的关系

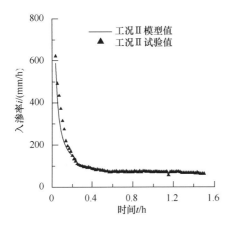

图 5.9 工况 II 模型与试验数据计算的入渗率

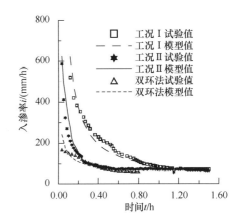

图 5.10 工况 I、II 及双环仪测量的入渗率对

5.3.2 误差分析

从水量平衡的角度来看，工况 II 在坡底有径流流出后才达到稳定入渗率，该值应该小于［60（mm/h）×2－6.0594（L/h）（0.15 m×1 m）］= 80（mm/h），其中（1+1）= 2 m 为接受降雨的坡面长度，1 m 为入渗面的长度。因为径流流出，表明坡面所有的降雨和径流未能全部入渗。实际计算值为 64.4 mm/h。工况 I 表明，在土壤表面达到稳定入渗时

（径流在坡面上不再向前推进），所有来自产流面的水量和入渗面上的直接降水，在面积约为 0.057m² 处（图 5.5）全部入渗，从而稳定入渗率不小于（0.15+0.057）×20（mm/h）/0.057 = 72.6（mm/h），与实际测量值 74.6 mm/h 结果相同。而双环入渗仪测量得到的稳定入渗率仅为 57.8 mm/h。工况 II 的稳定入渗率较工况 I 减少约 16%，双环仪测量得到的稳定入渗率较工况 II 减少约 11.5%，而较工况 I 减少约 30%。这一结果定量地表明，降雨/喷水强度、土壤的湿润速度对土壤入渗性能具有很大影响。如果采用很大的喷水强度，以期获取尽可能高的早期土壤入渗性能，就会导致入渗性能过程迅速降低和后期低的稳定入渗率。这一点，又表明了本章所提出的新方法的另一个优点。同时，上述数据表明，采用本章提出的方法测量得到的结果具有其合理性。

按照潘英华（2004）的方法分析了测量精度。具体做法如下：首先，根据坡面上各点计算得到的入渗率随时间的变化过程，用数值积分方法得到了坡面上各点的累积入渗量。而后，在坡面上对各点的累积入渗量进行积分，得到坡面上总入渗量的计算值。将该计算得到的入渗水量与相应时段的实际累积降雨量比较，计算得到了累积入渗水量与累积降雨量之间的误差。计算公式为

$$\delta = \left| \frac{Q_0 - Q}{Q_0} \right| \times 100\% \qquad (5.18)$$

式中，δ 为计算入渗量和实际降雨量的相对误差，%；Q_0 为降雨量，m³；Q 为计算得到的入渗量，L。

计算结果见表 5.3。

表 5.3 测量方法精度分析

工况	实验值			模型值		
	降雨量/L	入渗水量/L	误差/%	降雨量/L	入渗水量/L	误差/%
I	6.21	6.097	1.82	6.21	6.124	1.39
II	27	25.787	4.49	27	26.050	3.52

由表 5.3 可以看出，测量结果具有较高的精度。用实验数据计算入渗率和用模型拟合结果计算入渗率所得到的结果的误差基本相同，工况 I 分别为 1.82% 和 1.39%，工况 II 分别为 4.49% 和 3.52%，说明用任何一种方法计算入渗率结果差异不大。同时，小雨强时精度要高一些。这一结果进一步说明了该方法的有效性。

5.4 入渗性能的模型表达与比较

土壤入渗过程是田间土壤水分循环的重要组成部分，水分入渗过程是非饱和土壤水分的运动过程。国内外学者已对土壤入渗特性进行了大量研究，提出了具有不同特点和用途的入渗模型，并广泛应用于水文产流计算、农田灌溉排水和地下水补给等问题的研究。

5.4.1 产流积水方法

图 5.11 和图 5.12 分别为产渗流积水法两种工况下试验数据通过传统入渗模型回归

结果。拟合结果均较好反映了土壤入渗性能随降雨历时降低，并逐渐趋于稳定入渗率的变化过程。无论是曲线趋势走向，还是曲线上具体数值点的重合，都表明产流积水法测量数据真实表现了土壤入渗性能数值的变化。Kostiakov 入渗模型、Horton 入渗模型及 Philip 入渗模型（Brooks et al，1997）均能根据产流积水法测量数据较好地描述降雨过程中土壤入渗性能的变化过程。工况Ⅰ为大雨强下，降雨一段时间后土壤入渗性能逐渐降低，不足以入渗完全水量，入渗率小于降雨强度时开始产生积水；工况Ⅱ为小雨强下，测量土壤入渗性能，由于入渗性能足以入渗完全降雨及产流区径流补给水量，一直未产生积水。

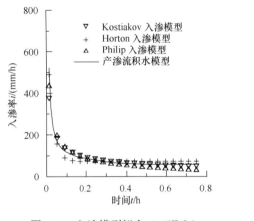
图 5.11 入渗模型拟合（工况Ⅰ）

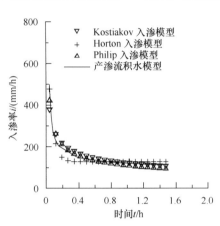
图 5.12 入渗模型拟合（工况Ⅱ）

表 5.4 为 Kostiakov 入渗模型、Horton 入渗模型及 Philip 入渗模型根据产流积水法测量数据拟合所得结果。从相关系数分析，相关系数在 0.9 以上，相关度均很高。从不同模型两种工况下拟合结果看，Horton 入渗模型在降雨开始初期模型描述入渗率数值下降较快，降雨后期稳渗率数值高于 Kostiakov 入渗模型及 Philip 入渗模型，而 Philip 入渗模型与 Kostiakov 入渗模型描述土壤入渗性能变化过程比较接近。

表 5.4 入渗模型拟合产渗流积水法试验结果

产渗流积水法	Kostiakov 入渗模型		Horton 入渗模型		Philip 入渗模型	
	公式	R^2	公式	R^2	公式	R^2
工况Ⅰ	$i=41.318t^{-0.498}$	0.965	$i=71.712+681.133e^{-41.106t}$	0.968	$i=1/2\times101.020t^{-1/2}-24.035$	0.945
工况Ⅱ	$i=119.515t^{-0.357}$	0.943	$i=128.120+738.606e^{-18.475t}$	0.973	$i=1/2\times158.257t^{-1/2}+34.003$	0.941

5.4.2 产流排水方法

图 5.13 和图 5.14 所示分别为产流-入流-出流法两种工况下试验数据通过传统入渗模型回归拟合结果，均较好反映了土壤入渗性能随降雨历时降低，并逐渐趋于稳定入渗率的变化过程。模型描述的曲线趋势走向，表明产流-入流-出流法测量数据真实表现了土壤入渗性能数值的变化过程。Kostiakov 入渗模型、Horton 入渗模型及 Philip 入渗模型均能根据产流-入流-出流法测量数据较好地描述降雨过程中土壤入渗性能的变化过程。两种工况下，降雨一段时间后土壤入渗性能逐渐降低，各模型描述土壤入渗性能曲线趋势均表现出较好的一致性，从一定程度上说明产流-入流-出流土壤入渗性能测量方法及

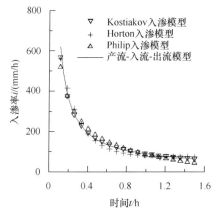
图 5.13 入渗模型拟合（工况Ⅰ）

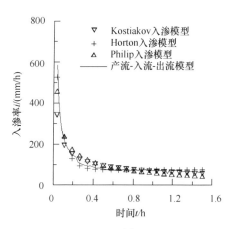
图 5.14 入渗模型拟合（工况Ⅱ）

模型的合理性。

表 5.5 所示为 Kostiakov 入渗模型、Horton 入渗模型及 Philip 入渗模型根据径流-入流-出流法测量数据拟合所得结果。从相关系数分析，相关系数均在 0.90 以上，相关度均较高。在工况Ⅱ大雨强下，不同模型拟合结果表明，Horton 入渗模型在降雨开始初期模型描述入渗率数值下降较快，降雨后期稳渗率数值高于 Kostiakov 入渗模型及 Philip 入渗模型，而 Philip 入渗模型与 Kostiakov 入渗模型描述入渗性能变化过程比较接近，在降雨初期入渗性能下降过程较缓慢，Philip 入渗模型描述的稳渗率普遍小于其他入渗模型。

表 5.5 入渗模型拟合径流-入流-出流法试验结果

径流-入流-出流法	Kostiakov 入渗模型		Horton 入渗模型		Philip 入渗模型	
	公式	R^2	公式	R^2	公式	R^2
工况Ⅰ	$i=88.695t^{-0.863}$	0.971	$i=75.0+872.450e^{-4.962t}$	0.982	$i=1/2 \times 449.539t^{-1/2}-134.051$	0.961
工况Ⅱ	$i=69.394t^{-0.471}$	0.877	$i=75.630+710.718e^{-13.537t}$	0.973	$i=1/2 \times 177.688t^{-1/2}-27.285$	0.907

5.5　降雨强度和初始含水率对土壤入渗性能的影响

在降雨入渗过程中，雨滴打击使土壤表层趋于密实，容重增加，一些细小颗粒填塞表层土壤孔隙，形成结皮，阻塞水流入渗。Hillel（1960）曾经提出了地表结皮的形成过程：由于雨滴打击，使土壤表层团聚体遭到破坏，分散的颗粒填充了土壤表面的孔隙，堵塞土壤孔隙水流通道，降低土壤入渗性能。众多研究表明（Assouline, 2004；Assouline and Mualem, 1997；Bradford et al., 1987；Foley and Silburn, 2002）土壤结皮对裸地入渗的影响大大超过其他因素的影响，其减少入渗量可达 80% 左右。降雨打击动能与降雨强度密切相关，因此降雨强度是影响土壤入渗性能的重要因素。另外，土壤水分入渗是水分在土壤内部分布的一个动态过程。因此，土壤初始含水率的变化必然影响土壤入渗过程。

国内外对于降雨条件下土壤入渗的研究主要采用传统人工模拟降雨法进行试验，测量得到的土壤初始入渗率等于降雨强度，属于非充分供水条件下土壤入渗。只有当土壤入渗性能降低至小于降雨强度后，处于充分供水条件下，才能测量土壤入渗性能完整曲线。因此，对于土壤入渗性能（充分供水条件下土壤入渗速率）随着降雨强度和初始含水率变化关系的研究较少。

由于传统的人工降雨法不能测量完整的土壤入渗性能曲线，雷廷武等（2006）研究了人工模拟降雨条件下，测量土壤入渗性能变化过程的产流-入流-出流法，并推导了相关计算模型。通过数码相机记录地表径流随降雨历时在地表推进覆盖面积，计算土壤入渗速率，求出降雨过程中土壤入渗性能变化曲线。

试验在中国科学院水土保持研究所黄土高原土壤侵蚀与旱地农业国家重点实验室内人工降雨大厅进行。试验所用土壤为陕西杨凌的黏黄土，砂粒含量为 9%（>0.05 mm），粉粒含量为 57%（0.05～0.002 mm），黏粒含量为 34%（<0.002 mm）。首先测量土壤田间持水量，试验所需不同含水率土壤按田间持水量的百分比配置，分别为自然风干土、体积含水率为 10.4%（约等于田间持水量的 30%）和体积含水率为 19.5%（约等于田间持水量的 60%）。土壤含水率按要求配置后均用塑料薄膜覆盖密封处理 7～10 天。一方面防止土壤表层水分散失；另一方面使土壤充分熟化，含水率进一步均匀。土槽装土时按照 5 cm 每层装土，容重为 1.3 g/cm³，为了使土壤性状尽可能均匀，分层装土时采用自制钢钉插实，避免传统方法表面打压破坏表层土壤结构，试验前再次取样快速测定土壤含水率，以确保所配置初始含水率符合试验设计要求。同时设计了三种不同的降雨强度，分别为 20 mm/h、40 mm/h 和 60 mm/h，研究不同降雨强度和初始含水率对土壤入渗性能的影响（表 5.6）。

表 5.6 试验设计

因子	水平一	水平二	水平三
降雨强度/（mm/h）	20	40	60
初始土壤含水率/%	2.60	10.40	19.50

(a) 人工降雨装置

(b) 下垫面装置

图 5.15 产流-入流-出流土壤入渗性能测量装置

该研究根据产流-入流-出流法测量原理，设计测量装置如图 5.15 所示。整个测量装置包括人工模拟降雨设备和下垫面装置两部分。模拟降雨器安装偏心轮震动装置，雨滴发生器能够产生水平随机震动,经测试降雨均匀度达到90%以上,雨滴直径变化范围为0.2~4.0 mm,雨滴中数直径约为2.5 mm,符合天然降雨的特性,能够较好地模拟天然降雨。下垫面分隔设计三个相同尺寸土槽(100 cm×20 cm),相当于三次重复试验。试验同时采用双环入渗法进行对比试验,双环入渗仪外环尺寸为53 cm,内环尺寸为28 cm,采用马氏瓶向内环供水,由电子秤记录水量随时间变化,计算土壤入渗率随时间变化过程。本研究目的在于通过产流-入流-出流法研究降雨强度和初始含水率对土壤入渗性能的影响,同时与双环入渗法测量结果进行对照。

5.5.1 降雨强度对土壤入渗性能的影响

1. 不同降雨强度土壤入渗性能曲线比较

图 5.16~图 5.18 所示均为不同降雨强度下土壤入渗性能变化过程。随着降雨历时增加,土壤入渗性能逐渐降低,达到稳定入渗率,而且随着降雨强度的增加,土壤入渗性能降低速度加快。可能的原因是,随着雨强的增加,雨滴对地表打击溅蚀能力增加,土壤颗粒崩解破坏速度加快,造成地表结皮,迅速降低土壤入渗性能。而且随着降雨强度增加,地表土壤颗粒湿润速度加快,非水稳性团聚体水化分散作用加强,都会加速地表结皮程度,迅速降低土壤入渗性能。从图中还可以看出,双环入渗法测量结果小于产流-入流-出流法测量结果,特别是初始阶段入渗率测量。可能的原因是双环入渗测量过程中,需要马氏瓶供水维持内环水位高度,及时补充内环入渗水量,但往往受限于马氏瓶出水口及管径的供水能力,不能完全满足初始阶段土壤入渗所需水量,双环入渗法测量初始阶段处于非充分供水状态。

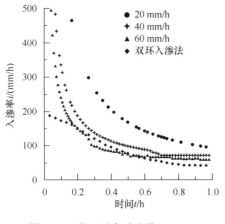

图 5.16 降雨强度对土壤(2.60%)入渗性能的影响

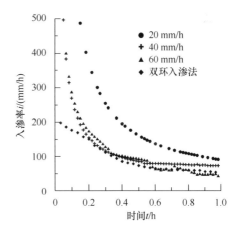

图 5.17 降雨强度对土壤(10.4%)入渗性能的影响

图 5.16 显示风干土不同降雨强度下土壤入渗性能变化趋势,20 mm/h 雨强下土壤入渗性能明显大于 40 mm/h 和 60 mm/h 雨强下测量出的土壤入渗性能。而且随着降雨强度的增加,不同降雨强度引起的土壤入渗性能差异越来越小。也就是说,40 mm/h 和 60 mm/h 雨强下测量得出的土壤入渗性能差异小于 20 mm/h 和 40 mm/h 之间的差异。可能的原因是,随着降雨强度的增加,降雨动能增加趋势变缓,雨滴对地表的打击扰动能

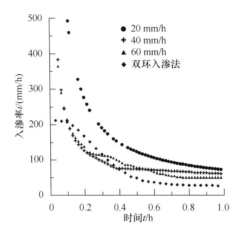

图 5.18　降雨强度对土壤（19.5%）入渗性能的影响

力逐渐达到相对稳定值，不再随雨强增大而线性递增，地表结皮程度也达到相对稳定状态。试验测量过程中，20 mm/h 降雨强度下径流出口处一直未搜集到地表径流，说明 20 mm/h 雨强工况下土壤稳定入渗率大于降雨强度，所有降雨及径流完全入渗，而传统的人工模拟降雨法在该工况下无法测量土壤入渗速率。

2. 不同降雨强度的降雨动能比较

江中善等（1983）、王燕（1992）等认为雨滴动能是影响土壤表层结皮的重要因素，雨滴直径越大，其质量和着地动能越大，地表越易结皮。表 5.7 所示为不同降雨强度下降雨动能计算。40 mm/h 下降雨动能与 20 mm/h 下降雨动能差值变化为 2.6～6.3 J/(m²·mm)，60 mm/h 下降雨动能与 40 mm/h 降雨动能差值变化为 1.53～2.95 J/(m²·mm)，说明降雨强度均增加 20 mm/h 情况下，降雨动能增加趋势逐渐减缓。因此，不同研究地区的不同计算公式结果均表明，随着降雨强度增大，降雨动能逐渐增大，但增加趋势逐渐变缓。也就是说，降雨动能增加的趋势小于降雨强度增加趋势。这与不同降雨强度下土壤入渗性能变化曲线趋势是一致的（图 5.16～图 5.18），即雨强 20 mm/h 与 40 mm/h 的入渗性

表 5.7　不同计算公式下降雨动能与降雨强度的关系

计算公式	不同降雨强度的降雨动能 [KE, J/(m²·mm)]			注释
	20 mm/h	40 mm/h	60 mm/h	
$KE=11.87+8.73\log I$	23.23	25.86	27.39	Wischmeier and Smith（1978）for North America
$KE=9.81+11.25\log I$	24.45	27.83	29.81	Zanchi and Torri（1980）for central Italy
$KE=9.81+10.60\log I$	23.60	26.79	28.66	naga et al. in Morgan（2001）for Okinawa, Japan
$KE=29[1-0.72\exp(-0.05I)]$	21.32	26.17	27.96	Brown and Foster（1987）
$KE=35.9[1-0.56\exp(-0.034I)]$	25.71	30.74	33.29	Coutinho and Toma's（1995）in Portugal
$KE=29.0[1-0.56\exp(-0.04I)]$	21.70	25.72	27.53	Rosewell（1986）for New South Wales, Australia
$KE=36.8[1-0.69\exp(-0.038I)]$	24.93	31.25	34.20	Jayawardena and Rezaur（2000）for Hong Kong
$KE=28.3[1-0.52\exp(-0.042I)]$	21.95	25.56	27.12	Van Dijk（2002）
$KE=27.83+11.55\log I$	42.86	46.33	48.37	江中善（1983）针对中国西北地区普通雨型
$KE=32.98+12.13\log I$	48.76	52.41	54.55	江中善（1983）针对中国西北地区矩阵型雨型

能曲线之间的差异大于雨强 40 mm/h 与 60 mm/h 入渗性能曲线之间的差异，一定程度上证明了产流-入流-出流法测量结果的合理性。

3. 地表结皮程度比较

图 5.19 所示为不同试验工况下地表颗粒状况。图 5.19（a）为双环入渗法测量后地表直观图，图 5.19（b）、图 5.19（c）和图 5.19（d）分别为 20 mm/h、40 mm/h 和 60 mm/h 雨强测量后地表直观图。采用双环入渗法测量后地表变得极其平滑，几乎不能分辨土壤单个颗粒。说明双环入渗法测量过程会造成地表形成严重的结皮，这可能与实施双环入渗法时土壤湿润速度过快有关。在向内外环迅速加水过程中，土壤孔隙中空气被压缩，形成气泡直至挤压破裂，在试验过程中也可直观发现测量开始阶段内外环水面上不断有气泡涌出，而气泡破裂的能量会使得土壤团聚体颗粒分散，同时非水稳性团聚体遇水湿润后会发生崩解，所有这些细小土壤微粒易堵塞土壤颗粒间孔隙通道，迅速降低土壤入渗性能。

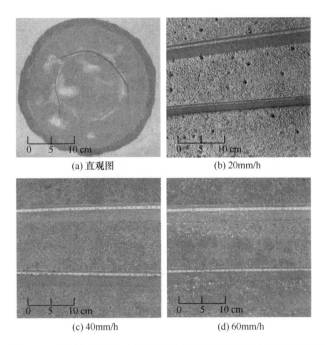

图 5.19 双环入渗法和产流出流法不同降雨强度地表颗粒状况

降雨条件下产流-入流-出流法测量结果对比表明，雨强 40 mm/h 下试验土壤表面比 20 mm/h 下更为平整，地表被雨滴打击压实，依然能够分辨部分土壤颗粒，而 60 mm/h 雨强下土壤表面开始出现类似双环入渗过程中明显的地表封闭结皮现象，湿润的地表形成光滑的泥皮，部分径流停留在地表未及时入渗。这些照片直观地反映了随着降雨强度的增加，降雨动能增加，加剧地表结皮程度，降低土壤入渗性能。一定程度上说明了双环入渗测量过程会导致严重的地表结皮，显著降低土壤入渗性能；产流-入流-出流法测量结果显示，随着降雨强度增加地表结皮程度增加，土壤入渗性能逐渐降低。

5.5.2 初始含水量对土壤入渗性能的影响

1. 不同初始含水率土壤入渗性能曲线比较

图 5.20～图 5.22 所示为产流-入流-出流法和双环入渗法测量比较不同初始含水率对土壤入渗性能的影响。结果表明,在稳定降雨强度下,产流-入流-出流法测量土壤入渗性能大于双环入渗法测量结果,特别是降雨开始阶段土壤初始入渗性能。可能的原因一方面是双环入渗法在测量开始时,需要向内外环迅速加水造成土壤快速湿润,土壤颗粒迅速崩解分散,堵塞土壤孔隙通道,很短时间内就引起地表严重的结皮,土壤入渗性能迅速降低;另一方面是试验开始阶段双环法测量时,土壤初始入渗性能很高,马氏瓶供水能力受限于出水口直径和管径,未能及时补给双环入渗所需水量,为非充分供水入渗。产流-入流-出流法通过模拟天然降雨,由产流面直接将降雨转化为径流,通过观察入渗面上径流推进过程,代入相关计算模型,即可完全测量土壤入渗性能变化过程。

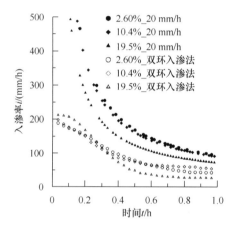

图 5.20 降雨强度 20 mm/h 不同初始含水率土壤入渗性能曲线比较

2.60%_20 mm/h 为土壤初始含水率为 2.60%降雨强度为 20 mm/h 的工况;10.4%_20 mm/h 为土壤初始含水率为 10.4%降雨强度为 20 mm/h 的工况;19.5%_20 mm/h 为土壤初始含水率为 19.5%降雨强度为 20 mm/h 的工况

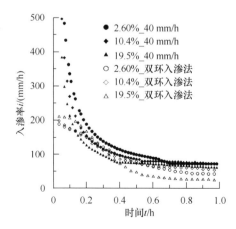

图 5.21 降雨强度 40 mm/h 不同初始含水率土壤入渗性能曲线比较

2.60%_40 mm/h 为土壤初始含水率为 2.60%降雨强度为 40 mm/h 的工况;10.4%_40 mm/h 为土壤初始含水率为 10.4%降雨强度为 40 mm/h 的工况;19.5%_40 mm/h 为土壤初始含水率为 19.5%降雨强度为 40 mm/h 的工况

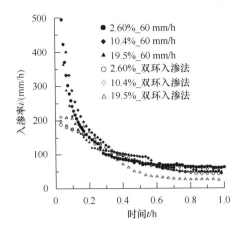

图 5.22 降雨强度 60 mm/h 不同初始含水率土壤入渗性能曲线比较

2.60%_60 mm/h 为土壤初始含水率为 2.60%降雨强度为 60 mm/h 的工况；10.4%_60 mm/h 为土壤初始含水率为 10.4%降雨强度为 60 mm/h 的工况；19.5%_60 mm/h 为土壤初始含水率为 19.5%降雨强度为 60 mm/h 的工况

图 5.20～图 5.22 中三种不同降雨强度下产流-入流-出流法测量结果均表明，随着土壤初始含水率增加，土壤入渗性能降低速度加快，可能的原因是随着土壤含水率增加，水力梯度逐渐减少，土壤入渗驱动力减少，表现为土壤入渗性能降低速度加快。对于 40mm/h（图 5.21）和 60mm/h（图 5.22）较大雨强，不同含水率的土壤入渗性能曲线之间差异比 20mm/h（图 5.20）雨强时更小，可能的原因是随着降雨强度的增加，雨滴对地表的扰动打击强度增加，地表结皮等因素对入渗的影响作用也逐渐加大，一定程度上削弱了水力梯度驱动力的影响。说明随着降雨强度的增加，初始含水率对土壤入渗性能影响逐渐减弱。

图 5.20～图 5.22 中双环入渗法测量结果表明，土壤初始入渗性能随着土壤含水率增加而增加，稳定入渗率随着土壤含水率的增加而降低。可能的原因是双环入渗法测量开始时，需要向内外环同时加水，土壤颗粒快速湿润分散，堵塞土壤孔隙引起地表结皮，严重影响土壤入渗，掩盖了土壤初始含水率对入渗性能的影响。因此，双环入渗法初始阶段，地表结皮状况对初始入渗的影响大于水力梯度对土壤初始入渗速率的影响。对于含水率极低的风干土（2.60%），土壤孔隙通道中空气较多，快速湿润时土壤孔隙中空气被压缩形成气泡，大量气泡压缩爆破时的能量，一定程度上会加剧地表生产结皮，迅速降低土壤入渗性能。对于初始含水率相对较高的土壤（10.4%和 19.5%），地表快速湿润时引起结皮程度相应降低，对土壤初始入渗的影响逐渐减弱。因此，双环入渗法测量土壤初始入渗率随着含水率的增加而增加。在入渗后期阶段，当地表结皮程度相对稳定后，水力梯度逐渐成为影响入渗的主导因素，初始含水率越高，土壤水力梯度越小，减缓土壤水入渗速率，双环入渗法测量的稳定入渗率随着初始含水率的增加而降低。

2. 不同初始含水率土壤累积入渗量比较

图 5.23～图 5.25 比较了双环入渗法和产流-入流-出流法不同试验工况下的累积入渗量。产流-入流-出流法的累积入渗量均大于双环法的累积入渗量，特别是较小降雨强度 20mm/h 时，产流-入流-出流法累积入渗量约为同时段双环累积入渗量的 2～4 倍。可能的原因是，双环入渗法和产流-入流-出流法测量过程中不同的湿润速度，引起地表不同

程度的结皮直接影响土壤入渗。双环入渗法在测量开始时，快速湿润会引起严重的地表结皮。产流-入流-出流法降雨开始初期，降雨对地表土壤起到预湿润的作用，随后地表径流逐渐湿润，湿润速度与双环入渗法相比更慢，土壤孔隙通道中空气随着降雨预湿润影响而逐渐排出，不会由于快速湿润导致空气瞬间被压缩形成气泡直至破裂，从而破坏土壤团聚体结构，加剧地表结皮程度。

如图 5.23 所示，降雨强度 20 mm/h 时，产流-入流-出流法测量得到的土壤累积入渗量随着含水率增加而显著降低，而且初始入渗阶段累积入渗量曲线斜率差异较大，当达到稳定入渗阶段时，累积入渗量呈线性增加。可能的原因是，由于降雨强度较小，影响入渗的主导因素为水力梯度，累积入渗量增加速率随着土壤含水率的增加逐渐降低。如图 5.24 和图 5.25 所示，40 mm/h 和 60 mm/h 较大降雨强度，降雨动能增加的同时地表湿润速度加快，一定程度上加速地表结皮生成，显著降低土壤入渗性能，而随着降雨强度递增，地表结皮程度达到相对稳定状态。因此，随着降雨强度的增加，初始含水率对累积入渗量的影响逐渐变小。图 5.23~图 5.25 中不同降雨强度累积入渗量表明，20 mm/h

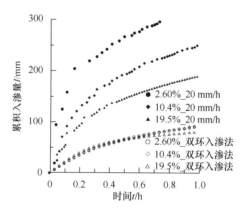

图 5.23 降雨强度 20 mm/h 累积入渗量比较

2.60%_20 mm/h 为土壤初始含水率为 2.60%降雨强度为 20 mm/h 的工况；10.4%_20 mm/h 为土壤初始含水率为 10.4%降雨强度为 20 mm/h 的工况；19.5%_20 mm/h 为土壤初始含水率为 19.5%降雨强度为 20 mm/h 的工况

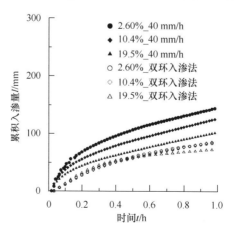

图 5.24 降雨强度 40 mm/h 累积入渗量比较

2.60%_40 mm/h 为土壤初始含水率为 2.60%降雨强度为 40 mm/h 的工况；10.4%_40 mm/h 为土壤初始含水率为 10.4%降雨强度为 40 mm/h 的工况；19.5%_40 mm/h 为土壤初始含水率为 19.5%降雨强度为 40 mm/h 的工况

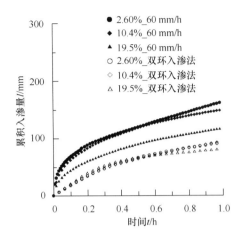

图 5.25 降雨强度 60 mm/h 累积入渗量比较

2.60%_60 mm/h 为土壤初始含水率为 2.60%降雨强度为 60 mm/h 的工况；10.4%_60 mm/h 为土壤初始含水率为 10.4%降雨强度为 60 mm/h 的工况；19.5%_60 mm/h 为土壤初始含水率为 19.5%降雨强度为 60 mm/h 的工况

降雨强度累积入渗量远大于 40 mm/h 和 60 mm/h 降雨强度，主要原因是随着降雨强度增加，雨滴对地表打击夯实能力增强，加剧地表结皮程度，土壤入渗性能迅速降低，提高降雨径流转化效率。尽管 20 mm/h 降雨强度比 40 mm/h 和 60 mm/h 更小，相同时间内降雨量更少，但产流-入流-出流法中降雨产流面的径流补给，使得 20 mm/h 降雨强度下土壤依然处于充分供水入渗状态，表现出土壤的真实入渗性能。

不同初始含水率，双环入渗法测量累积入渗量曲线均非常接近（图 5.23），可能的原因是双环入渗法测量开始向内外环快速注水时，一致的快速湿润速度决定了地表结皮程度的相似性，进一步影响决定土壤累积入渗曲线的相似性。当试验后期水力梯度逐渐对入渗起主导作用时，双环法测量累积入渗量随着土壤含水率的增加而减少。

3. 土壤入渗计算模型回归比较

很多学者对上述常用模型对试验数据的拟合情况以及模型参数间的关系做了大量研究。Gosh 认为，Kostiakov 经验入渗模型在模拟田间入渗时，拟合较好，尤其是对土壤初期的入渗模拟较好。但是 Kostiakov 入渗公式为纯经验公式，并没有明确的物理基础。其中参数 A、B 为经验常数，没有特定的物理含义。当 t 趋于无穷大时，入渗率趋于零。这与试验中得到的当时间趋于无穷大时入渗率趋于一个稳定值是有很大差别的。

传统入渗计算模型对不同测量方法试验结果回归分析表明（表 5.8），产流-入流-出流法测量数据的回归计算结果均显著优于双环入渗法测量数据的回归计算结果。一定程度上说明了产流-入流-出流法测量不同含水率对土壤入渗性能影响的合理性，均能够很好地满足经典入渗理论模型描述土壤入渗性能变化过程。其中，产流-入流-出流法测量结果入渗模型回归决定系数 R^2 为 0.95~0.99。而对于双环入渗法测量结果，Horton 入渗模型回归分析结果是最好的，回归决定系数 R^2 为 0.97~0.99，明显优于 Kostiakov（1932）（$0.86<R^2<0.93$）和 Philip（1957）（$0.76<R^2<0.84$）入渗模型回归计算结果，这与 Shukla 等（2003）的研究结果是一致的。

表 5.8 土壤入渗计算模型回归分析

方法	降水强度/（mm/h）	设计工况	Kostiakov 模型 $i=at^n$			Horton 模型 $i=a+be^{-nt}$				Philip 模型 $i=at^{-1/2}+b$		
			a	n	R^2	a	b	n	R^2	a	b	R^2
产流-出流法	20	2.60%	91.99	−0.89	0.99	102.08	854.31	5.28	0.99	243.89	−167.2	0.98
		10.4%	88.08	−0.88	0.99	97.11	831.98	5.41	0.99	233.96	−159.64	0.98
		19.5%	68.74	−0.86	0.99	83.61	792.61	6.66	0.99	189.82	−136.2	0.98
	40	2.60%	60.97	−0.72	0.98	79.84	649.93	8.76	0.98	130.51	−82.83	0.97
		10.4%	61.89	−0.6	0.95	81.45	674.47	11.67	0.98	104.42	−55.19	0.94
		19.5%	53.12	−0.56	0.94	68.44	510.02	11.61	0.98	79.16	−34.97	0.94
	60	2.60%	52.04	−0.66	0.98	71.06	593.72	11.37	0.98	99.55	−60.13	0.97
		10.4%	48.12	−0.8	0.97	59.07	451.37	6.43	0.97	113.81	−73.25	0.98
		19.5%	44.69	−0.7	0.98	56.1	361.47	7.15	0.95	83.52	−43.63	0.99
双环入渗法		2.60%	48.16	−0.57	0.86	4.84	206.19	1.98	0.99	42.94	17.37	0.76
		10.4%	55.16	−0.48	0.93	45.2	181.77	3.39	0.99	41.87	21.22	0.84
		19.5%	26.86	−0.87	0.86	−1.81	267.35	2.91	0.97	59.58	−22.65	0.77

（1）产流-入流-出流法测量结果表明，土壤入渗性能随着降雨强度的增加而降低，随着含水率的增加而降低。而且随着降雨强度的增加，含水率变化对土壤入渗性能的影响逐渐降低。双环入渗法测量结果表明，初始入渗率随着土壤含水率增加而增加，稳定入渗率随着土壤含水率的增加而减少。主要原因是双环入渗仪测量初期，地表结皮是影响土壤水初始入渗的主要因素，之后含水率变化引起的水力梯度才逐渐成为影响入渗的主要因素。

（2）产流-入流-出流法测量的稳定入渗率大于双环入渗法测量结果，20 mm/h 降雨强度时约为双环法测量数值的 2~4 倍，而随着降雨强度的增大，稳定入渗率之间的差异逐渐缩小。

（3）通过 Kostiakov、Horton 和 Philip 入渗计算模型回归拟合，产流-入流-出流法测量结果回归决定系数优于双环入渗法测量结果，Horton 入渗模型回归决定系数优于其他入渗模型。

5.6 不同植被土壤入渗性能比较

植被破坏、干旱缺水与水资源利用率低下，严重制约着黄土高原地区生态环境建设与社会经济的可持续发展（邹厚远等，1998）。植被恢复与重建是改善该地区生态环境的重要途径。雨水资源是黄土高原地区最重要的水资源，充分有效地利用自然降水、减少地表径流、增加土壤水分是植被恢复与重建的关键（潘成忠和上官周平，2005）。因此，研究不同植被下土壤的水分入渗性能，对于明确植被对有限降雨资源的转化利用规律，促进该地区植被恢复与重建的合理布局具有重要意义。

植被恢复是影响土壤入渗的重要因素，同时，土壤入渗性能与土壤质地、结构、地面坡度、土壤剖面含水量有关，但总是随入渗时间的推移逐渐降低（Hillel，1998；Scott，2000），而最终趋于一个常数——稳定入渗率。土壤水分入渗过程和渗透能力决定了降雨过程再分配中的地表径流和土壤水库的大小，因此，获得真实的土壤降雨入渗过程和入渗性能的研究方法就显得十分重要。

宁南黄土丘陵区大多为人工植被，如苜蓿（*Medicago lupulina*）、柠条（*Caragana korshinskii*）及天然草地植被。因此，采用新型的坡地降雨条件下土壤入渗能力的产流排水测量方法和仪器，在室内及野外采用此方法测定土壤雨水入渗的全过程，研究不同植被下土壤入渗性能随时间变化的过程和规律，比较不同植被下土壤入渗性能对不同雨强反映的敏感性，分析不同植被对土壤入渗性能及对雨水分配的影响机理，为提高该地区有限降雨资源的转化和利用以及植被的恢复与重建提供科学依据。

5.6.1 研究地区与研究方法

1. 研究区概括

研究区位于宁夏南部山区的固原市彭阳县中北部的王洼镇，该区属中温带半干旱梁状丘陵区，土壤类型为典型的黄绵土。该区包括姚岔和姬阳洼两个小流域，位于东经106°32′45″～106°33′15″，北纬36°04′30″～36°09′36″。总面积18.5km²。海拔1684～1890m。坡面组成：<5°坡面为9%，5°～15°坡面为47%，15°～25°坡面为26%，25°～35°坡面为14%，>35°坡面为4%。年平均降水量413.94mm，年平均温度6.8℃，≥10℃积温2 690.4℃，平均无霜期145天，最大180天，最小105天。年平均日照时数2518小时。坡耕地999.6 hm²，林地362.1 hm²，人工草地297.1 hm²，非生产用地31.9 hm²，荒地60.1 hm²，不可利用地87.3 hm²，其他用地8 hm²。

2. 研究方法

野外人工模拟降雨试验中，采用小型针头下滴式降雨模拟器（图 5.26）。降雨器长2m，宽0.55m，雨滴直径为1～3mm，雨强20～56mm/h（降雨过程中，水槽中的水，靠水位差自压进入，雨强的控制靠水层厚度来控制，即在降雨槽的侧面开3个圆孔，以

图 5.26 坡地降雨径流-入渗-产流装置

在每种植被下，每个雨强中都做了3次（相同植被邻近地块）重复，累计每种植被、同一雨强下重复降雨次数为3×3=9次，保证了试验数据的准确性

便与在加水时将多余的水从圆孔中流出,保持相应的水层高度不变,3个圆孔的位置就是3个雨强的水层厚度位置,具体水层厚度因针头选取的大小而定,并最后进行雨强标定)。相应地,降雨器下的坡面分为投影长度为2m、宽度为0.15m的3个顺坡条带,代表3个重复,产流面和入渗面长度之和为2m,产流面长度为1m,处于上部,下部为入渗面,长度1m(图中:AB段为不透水区;BC为透水区),这样设计土槽的目的是:①小区上方由于为不透水层,在降雨开始就有径流产生而流入下方的入渗面,提供充足的水以供土壤尽量入渗(本研究的特点所在),当该处的土壤水分饱和时,径流就继续向下推进,依此类推,最终整个入渗面都产生径流,根据相同时间接收的径流相等而停止降雨,完成次降雨试验;②这样设计降雨入渗小区也是本研究的入渗模型的要求。

3. 野外模拟降雨实验方法及观测项目

根据以上降雨器及与之相对应的小区设置,具体实验操作步骤如下:

(1)提前将 $0.5m^3$ 的水装进事先准备好的大塑料桶里待降雨时用。

(2)选择比较平整的坡面建立试验小区(有利于实验数据的观测及新型测定入渗方法的应用),坡度为19°~20°。坡面的处理是实验成功的关键,也是应用本法测定土壤入渗的必备条件。选择相对均匀的坡面,将坡面的杂草或灌木用剪刀剪掉,仅露出土壤即可,不能破坏土壤的原状性。这样做的目的为:①反映土壤本身性质对入渗、产流的影响。②有利于径流在坡面上推进时数据的读取。

根据上述实验方法及目的,径流推进过程和累积径流出流量(或流量)的变化是计算入渗率的基础数据。因此,与本研究有关的实验观测记录的项目如下:

(1)径流在坡面上推进过程。在土槽的边缘标有刻度标尺。在降雨过程中,每一分钟读一次雨水径流在坡面的推进到的距离(m)(3个入渗面,需进行3次数据读取),将所得数据代入模型Ⅰ,即可计算出该时刻的瞬时入渗速率。

(2)径流出流量随时间的变化过程。在入渗坡面的下方,用有刻度的采样瓶收集径流。在有径流出流的情况下,降雨进行一段时间,坡面径流推进到达入渗面下端后,产生径流出流。随着土壤入渗能力的降低,出流流量随时间的推移不断增加,当间隔相同时间内径流量相同时,实验停止。实验过程中,记录径流流量随时间的变化过程,将相应的径流体积数(L)代入模型Ⅱ,即可计算出产流每一刻的土壤的入渗速率。

4. 实验地土壤颗粒组成及样地立地条件

实验地设在宁夏南部山区的典型的人工植被及天然草地植被上,位置相邻,坡向基本一致,且属于同一土壤类型(典型黄绵土),其颗粒组成相同(表5.9),研究土层为0~10cm。

表5.9 实验土壤颗粒组成

颗粒分级/mm	<0.002	0.002~0.02	0.02~0.2	0.2~2
所占比例/%	9.1	34.6	55.2	1.1

植被类型分别为:柠条林(22年生,密度为0.5m×1.5m,平均株高为121cm,冠幅

为 120 cm，植被覆盖度为 55%）、天然草（60 年，覆盖度为 65%）、苜蓿（5 年生，退耕前种植荞麦，覆盖度 75%）。对照为坡耕地，其前作为小麦。各样地立地条件见表 5.10。

表 5.10 各样地立地条件

小区	坡度/（°）	海拔/m	坡向/（°）
坡耕地（对照）	20	1763	南偏西 14
苜蓿地（5 年生）	19	1805	南偏西 40
天然草地（60 年）	20	1760	南偏西 10
柠条林地（22 年生）	19	1751	南偏西 40

在各样地取表层（0～10cm）原状土（3 个重复）及混合样风干，取 50g 风干原状土样品进行团聚体分级，采用沙维诺夫法。取一定量混合样品过 0.25 mm 的筛子测定有机质含量：$H_2SO_4K_2Cr_2O_7$ 外加热法；再取混合样测定土壤机械组成（MS2000 激光颗粒分析仪）。

5. 入渗产流模型及试验方法

入渗能力是土壤表面充分供水的条件下土壤的实际入渗率，初始时土壤的入渗能力很大，要测得此时的土壤入渗能力，必须供给很大的水量。而随着降雨的持续，土壤的入渗能力降低。本书应用产-渗-流法降雨入渗模型（Lei et al., 2005）进行降雨入渗研究，基本模型介绍如下。

1）径流推进阶段的入渗率计算模型

$$i(t) = P\left(\frac{x_1 W}{A} + 1\right) \tag{5.19}$$

式中，$i(t)$ 为入渗速率，mm/h；W 为入渗面宽度，m；P 为降雨强度，mm/h；x_1 为产流面沿坡面的长度，m；$A(t)$ 为 t 时刻水流在坡面上推进的面积，m^2。

2）坡面上有出流时入渗率的计算模型

$$i(t) = P\left(\frac{x_1 W}{A} + 1\right) - \frac{q}{A\cos\alpha} \tag{5.20}$$

式中，$i(t)$ 为入渗速率，mm/h；W 为入渗面宽度，m；P 为降雨强度，mm/h；x_1 为产流面沿坡面的长度，m；$A(t)$ 为 t 时刻水流在坡面上推进的面积，m^2；q 为随时间变化的径流流量，L/h；α 为坡面的坡度（°）或弧度。

5.6.2 结果与分析

1. 坡耕地土壤入渗过程

坡耕地在不同雨强下的水分入渗过程见图 5.27（a），可以很好地反映降雨过程中水分在土壤中的入渗速率变化的全过程，图中曲线的陡度变化缓急大小为：56 mm/h>40 mm/h>20 mm/h，表明降雨径流在坡面的推进距离随雨强的增大而增大；其最终的稳定入渗速率大小顺序为 20 mm/h>40 mm/h>56 mm/h，说明坡耕地经雨滴打击后，土壤结构遭到破坏，即雨强越大，对地表土壤的打击破坏越大，降雨产生的径流携带侵蚀的土

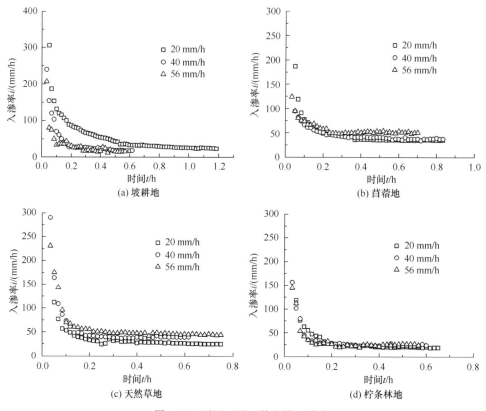

图 5.27 不同雨强下的土壤入渗率

壤颗粒会堵塞地表土壤孔隙形成地表封闭或结皮，从而使土壤的降雨入渗速率降低（Helalia et al.，1988；Morin and Van Winkel，1996），减少了入渗，增加地表径流和土壤侵蚀（Mamedov et al.，2001；Levy et al.，1997），因此，与大雨强相比，小雨强对土壤的打击破坏作用较弱，其土壤稳定入渗率比大雨强的大。

2. 苜蓿地土壤入渗过程

从图 5.27（b）可以看出，在降雨 0.14 h 之前，苜蓿地土壤入渗率下降迅速，入渗率的降幅依次为 56 mm/h>40 mm/h>20 mm/h，说明随着雨强的增大，入渗率急剧减少，在降雨 0.14 h 后，土壤入渗率的变化变缓，达到稳定入渗率的时间依次为 56 mm/h>40 mm/h>20 mm/h。随着雨强的增大，土壤稳定入渗率有增大趋势。

3. 天然草地土壤入渗过程

从图 5.27（c）可以看出，刚开始降雨时，天然草地土壤入渗率急剧降低，各雨强下入渗率的降幅依次为 56 mm/h>40 mm/h>20 mm/h，且 20 mm/h 雨强下土壤稳渗率仅为 56 mm/h 雨强的 55%。

4. 柠条林地土壤入渗过程

从图 5.27（d）可以看出，在降雨 0.2 h 前土壤入渗率随雨强的增大迅速降低，其降幅依次为 20 mm/h>40 mm/h>56 mm/h。达到稳定入渗率后，3 个雨强的入渗率曲线基本重合,且随雨强增大稳渗率有提高趋势,各雨强的稳定入渗率依次为 56 mm/h>40 mm/h>20 mm/h。

5. 不同植被下土壤入渗性能的比较

研究区不同植被下土壤的降雨入渗过程曲线均符合函数 $y=a+be^{-cx}$,y 与 x 分别表示入渗速率和时间,a、b 与 c 为相关曲线的常数。a 值基本与土壤稳渗率变化趋势一致,随雨强的增大,苜蓿地、天然草地和柠条林地的 a 值和土壤稳渗率都增大,而坡耕地的 a 值和土壤稳渗率都减少。因此,可以 a 值的大小变化来表征土壤稳定入渗率在不同雨强下的变化趋势(表 5.11)。

表 5.11 不同植被下土壤降雨入渗、转化能力比较

植被	雨前土壤含水率/%	雨强/(mm/h)	拟合方程	R^2	稳渗率/(mm/h)	54min 后降雨入渗转化率/%	折合雨前土壤含水量16.2%后降雨入渗转化率/%
坡耕地	11.9	20	$y=50.2483+8254.4749e^{-86.3472x}$	0.9758	26.8	91.5	91.0
		40	$y=30.9306+2403.4290e^{-66.1777x}$	0.9756	18.1	40.1	38.6
		56	$y=26.3292+6884.7444e^{-107.4433x}$	0.9960	15.7	27.9	26.6
苜蓿地	16.2	20	$y=44.6606+13062.2925e^{-104.0608x}$	0.9969	35.4	93.1	93.1
		40	$y=44.4053+1595.2393e^{-79.7739x}$	0.9748	37.5	58.5	58.5
		56	$y=54.5899+740.1572e^{-64.4571x}$	0.9678	50.9	68.3	68.3
天然草地	4.9	20	$y=32.1040+12620.5426e^{-111.5332x}$	0.9987	24.7	77.9	72.3
		40	$y=45.6684+6756.3296e^{-95.8038x}$	0.9940	39.5	58.1	53.5
		56	$y=49.2188+1019.2990e^{-43.9863x}$	0.9791	43.9	51.0	47.2
柠条林地	6.3	20	$y=23.7314+1257.6548e^{-43.8944x}$	0.9858	21.0	63.4	62.8
		40	$y=26.2190+753.6684e^{-47.7028x}$	0.9898	22.0	40.6	36.8
		56	$y=23.9476+302.4016e^{-29.1932x}$	0.9823	24.4	32.6	29.3

注:降雨入渗转化率(%)=(降雨量-径流量)/降雨量×100;54min 后不同植被下土壤都已达稳定入渗率,折合降雨入渗转化率(%)=[实际入渗量(mm)-(100mm 土层雨前各植被中最高土壤储水量或含水量(mm)-其他植被 100mm 土层土壤雨前储水量或含水量(mm))]/[实际降雨量(mm)-(100mm 土层雨前各植被中最高土壤储水量或含水量(mm)-其他植被 100mm 土层土壤雨前储水量或含水量(mm))]×100

从表 5.11 中可以看出,随雨强的增大,坡耕地土壤稳定入渗率降低,苜蓿地、天然草地及柠条林地土壤稳定入渗率增大。说明随雨强的增大,翻耕后的坡耕地的土壤结构遭到破坏,很快产生结皮,降低了土壤入渗性能,使其在大雨强下的稳定入渗速率明显降低,而其他植被由于土壤结构很稳定,在雨滴打击中,土壤结构不易遭到破坏,而雨滴所产生的挤压力对入渗率的变化起着重要的作用,它不仅可以加速入渗水流的运动速度,也可以使部分静止的毛管水加入入渗水流中,所以雨强增大时入渗率就会增大(Rubin,1966)。

随着雨强的增大,不同植被下土壤降雨入渗转化率降低(表 5.11)。在 20mm/h 的雨强下,不同植被类型的降雨入渗转化率依次为:苜蓿地>坡耕地>天然草地>柠条林地,说明小雨强不能构成对坡耕地土壤的明显破坏作用,加上坡耕地由于耕作的原因,表层比较疏松,土壤透水性好,与灌木相比,坡耕地将会有更多的降雨入渗;在 40 mm/h 和 56mm/h 雨强下,降雨入渗转化率的大小顺序为:苜蓿地>天然草地>坡耕地>柠条林地,

原因是在大雨强下,坡耕地的结构容易遭到破坏,非水稳性团聚体很快破裂分散,其分散的颗粒封堵了土壤孔隙,导致土壤入渗性能降低,降雨入渗转化率急剧下降,柠条林地在各雨强下的降雨入渗转化率相对较低,这与其密植导致植株矮化、土壤紧实及水稳性团粒结构含量较低有关。

6. 土壤稳渗率与土壤结构稳定性的关系

土壤稳渗率作为土壤入渗性能的重要指标,与大于 0.25 mm 水稳性团聚体含量有一定的相关关系。而在有机质参与下所形成的团聚体,一般都具有水稳定性和多孔性,孔性较理想,团聚体的水稳定性与有机质的含量呈正相关。如表 5.12 所示,表层土壤有机质含量,苜蓿地>天然草地>柠条林地>坡耕地;大于 0.25 mm 水稳性团聚体含量,苜蓿地>天然草地>柠条林地>坡耕地,分别是坡耕地的 2.4 倍、2.1 倍、1.6 倍,且各植被 3 个雨强下平均稳渗率大小为:苜蓿地>天然草地>柠条林地>坡耕地。说明植被增加了土壤中的有机质含量,提高了土壤水稳性团聚体含量,增加土壤孔隙度,从而提高了土壤入渗能力,即土壤入渗能力为:苜蓿地>天然草地>柠条林地、坡耕地。

表 5.12 不同植被土壤有机质含量、结构稳定性对稳渗率的影响

指标	坡耕地	柠条林地	天然草地	苜蓿地
有机质含量/(g/kg)	8.9	11.9	14.3	17.5
>0.25mm 水稳性团聚体含量/%	23.9	33.3	51.3	57.5
3 个雨强平均稳渗率/(mm/h)	20.2	22.5	36.0	41.3

植被对土壤有机质的归还及土壤结构的改善作用,提高了土壤的水稳性团粒结构的稳定性,进而影响降雨的入渗过程及入渗速率,最终影响降雨的入渗转化率及土壤含水量,而土壤含水量及保墒能力的不同反作用于植被的布局,即影响植被的生长。大于 0.25 mm 水稳性团聚体含量与土壤稳渗率之间呈正相关,最终土壤入渗能力为:苜蓿地>天然草地>柠条林地、坡耕地。

由于受干旱缺水的影响,研究区的柠条植株一般比较矮小且丛生,有机质归还较少,与其他植被相比,其表层土壤较紧实,入渗能力较低,应合理调整林草结构,适度增加退耕还草比例,以提高雨水入渗能力,充分利用当地有限的雨水资源,促进植被的恢复,减少土壤侵蚀,从而改善生态环境。

5.7 耕作对土壤入渗性能的影响

坡耕地土壤的降雨入渗性能对于水文过程(辛格,2000)、作物水分利用、灌溉管理、土壤侵蚀(蒋定生,1997)等方面的研究和实践非常重要。

土壤的入渗能力与土壤质地、结构、地面坡度、土壤剖面含水量有关,但总是随入渗时间的推移而逐渐降低(Hillel,1998;Scott,2000),最终趋于一个常数——稳定入渗率。

降雨入渗率是反映土壤入渗性能的重要指标,实际降雨入渗取决于土壤表面所承接的水量,土壤表面特征及土壤的导水性能。众多研究表明(Helalia et al.,1988;Morin and van Winkel，1996）：降雨和径流的双重作用引起土壤侵蚀，尤其在耕作条件下，土壤结构遭到破坏（Chen et al.，2004），其侵蚀土壤对土壤孔隙的填充作用和水流泥沙在地表的沉积作用而形成地表封闭或结皮，导致土壤入渗率降低和地表径流增加，造成水土流失。

坡耕地是黄土高原半干旱地区水土流失的重要来源。在坡耕地占有相当比例的宁南黄土丘陵区，土壤侵蚀及土地退化严重，将耕地进行一定时段的撂荒，可以改善土壤结构，提高土壤入渗性能，减缓土壤侵蚀及水土流失。国内外关于坡耕地和撂荒地土壤入渗性能有一定的研究，但都未能将降雨条件下，决定坡面径流和发生侵蚀的重要原因的土壤前期入渗性能实际过程测定出来（吴发启等，2003b）。因此，本书采用新型坡地降雨条件下土壤入渗能力测量方法和仪器（Lei et al.，2005）研究坡地土壤降雨入渗性能的变化，尤其是降雨前期的土壤降雨入渗性能的真实变化情况，不仅可以为土壤侵蚀与水土流失过程的研究与防治起到参考和借鉴的作用，也可为水土保持工程措施的修建与配置等提供可靠的数据依据。

5.7.1 研究区域概况

研究区位于宁夏彭阳县中北部半干旱区的王洼乡，包括姚岔和姬阳洼两个小流域，东经 106°32′45″～106°33′15″，北纬 36°04′30″～36°09′36″，总面积 18.5 km^2。属中温带半干旱梁状丘陵区，年平均温度为 6.8 ℃，年平均降水量为 413.94 mm。

5.7.2 入渗产流模型及试验方法

1. 入渗产流模型

模型见式（5.19）和式（5.20）。

2. 试验材料与方法

实验地设在固原彭阳王洼水保站的相连接的两个地块（土壤为典型的黄绵土），坡耕地为土豆与谷子连作；撂荒地为撂荒之前与坡耕地种植作物及种植方式相同，撂荒3年后生有一年生杂草。研究土层为 0～20cm，两块样地的质地基本相同，其颗粒组成见表 5.13。

表 5.13 实验土壤颗粒组成

粒径/mm	1～0.25	0.25～0.05	0.05～0.01	0.01～0.005	0.005～0.001	<0.001	<0.01
占比/%	1.253	27.273	56.705	8.336	6.376	0.000	14.712

注：土壤颗粒组成分析采用 MS2000 激光颗粒分析仪测定

土壤颗粒组成分析采用 MS2000 激光颗粒分析仪测定。

野外人工模拟降雨试验中，降雨量比降雨的能量更重要，故用小型针头下滴式降雨模拟器。降雨器长 2m，宽 0.55m，雨滴直径为 1～3mm，雨强为 20～56mm/h。相应地，降雨器下的坡面分为投影长度为 2m、宽度为 0.15m 的 3 个顺坡条带，代表 3 个重复，产流面和入渗面长度之和为 2m，产流面长度为 1m（图 5.28）处于上部，下部为入渗面，长度 1m。

图 5.28 坡地降雨小区示意图

根据以上降雨器及与之相对应的小区设置，具体实验操作步骤如下：

（1）实验前，将 0.5 m³ 的水装进事先准备好的大塑料桶里，待降雨时用（0.5 m³ 水可满足 56 mm/h 的降雨强度，剩下的水能够用于 40 mm/h 及 20 mm/h 的降雨强度）。

（2）选择比较平整的坡面建立试验小区（有利于实验数据的观测及新型测定入渗方法的应用），坡度均为 20°，两种下垫面（坡耕地和摆荒地）。坡面的处理是实验成功的关键，也是应用本法测定土壤入渗的必备条件。将选择好的相对平整的坡面上的作物残茬或杂草用剪刀剪掉，仅露出土壤即可，不能破坏土壤的原状性。这样做的目的为：①可以突出土壤本身性质对入渗、产流的影响。②有利于径流在坡面上推进时数据的读取。实验为连续两天完成，确保土壤的前期含水量不产生明显差异，使实验条件一致（土壤的前期含水量为 11.3%），减少影响入渗性能的因素。

根据上述实验方法及目的，径流推进过程和累积径流出流量（或流量）的变化是计算入渗率的基础数据。因此，与本研究有关的实验观测记录的项目：

（1）径流在坡面上推进过程。在土槽的边缘标有刻度标尺。在降雨过程中，每一分钟读一次雨水径流在坡面的推进距离，将所得数据代入式（1），即可计算出该时刻的瞬时入渗速率。

（2）径流出流量随时间的变化过程。在入渗坡面的下方，用有刻度的采样瓶收集径流。在有径流出流的情况下，降雨进行一段时间，坡面径流推进到达入渗面下端后，产生径流出流。随着土壤入渗能力的降低，出流流量随时间的推移不断增加，当间隔相同时间内径流量相同时，实验停止。实验过程中，记录径流流量随时间的变化过程，从而计算出产流每一刻土壤的入渗速率。

5.7.3 结果与分析

1. 坡耕地翻耕后不同雨强的雨水入渗过程

坡耕地在不同雨强下的水分入渗过程如图 5.29 所示，可以看出图 5.29 很好地反映了降雨过程中水分在土壤中的入渗速率变化的全过程。其中 y_1、y_2、y_3 分别为雨强 20 mm/h、40 mm/h、56 mm/h 的拟合方程，该曲线与土壤水分特征曲线相似，其相关系数分别为 0.9653、0.9385、0.8535，达到显著水平。图 5.29 曲线的变化趋势的缓急顺序为 56 mm/h>40 mm/h>20 mm/h，表明降雨径流在坡面的推进距离随雨强的增大而增大，最终达到恒定的入渗速率（土壤稳渗率）。但随雨强的增大其稳渗速率大小顺序为 20 mm/h>40 mm/h>56 mm/h，说明坡耕地经翻耕之后，土壤结构遭到破坏，且小雨强对于土壤的打击破坏作用小于大雨强，即雨强越大，雨滴对地表土壤的打击破坏越大，降雨产生的径流携带侵蚀的土壤颗粒会堵塞地表土壤孔隙形成地表封闭或结皮，从而使土壤的降雨入渗速率有所降低（Helalia et al.，1988；Morin and van Winkel，1996）。另外，较大的降雨强度使得地表土壤颗粒发生崩解，破坏地表土壤结构形成更为细小的颗粒堵塞地表土壤孔隙，减少了入渗，增加地表径流和土壤侵蚀（Mamedov et al.，2001；Levy et al.，1997）。因此，与大雨强相比，小雨强对土壤的打击破坏作用较弱，其土壤稳定入渗率大于大雨强（Abu-award，1997）。

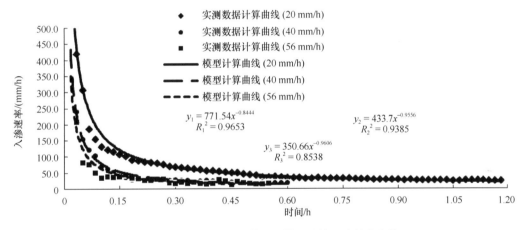

图 5.29　不同雨强下坡耕地翻耕后土壤入渗性能比较

y_1、y_2、y_3 分别为 20 mm/h、40 mm/h、56 mm/h 的拟合方程

2. 撂荒地不同雨强的入渗过程

撂荒地的降雨入渗过程见图 5.30。可以看出，无论雨强大小，其土壤稳定入渗速率最终为 32 mm/h 左右。这表明，撂荒地土壤结构较好，在整个降雨入渗过程中，雨强对其土壤的破坏强度基本一样。在降雨初期，入渗速率的变化快慢为 56 mm/h>40 mm/h>20 mm/h。由于 20 mm/h 的雨强雨量较少，达到稳渗率的时间比 40 mm/h 及 56 mm/h 要长（2 倍多），说明 20 mm/h 雨强在宁南山区构成的土壤侵蚀威胁远远小于 40 mm/h 和 56 mm/h 雨强。

3. 撂荒地与坡耕地降雨入渗性能比较

从表 5.14 中可以看出，随着雨强的增大，坡耕地与撂荒地的产流时间、入渗率稳定时间及次降雨过程中的产流总量都增大，其中撂荒地的产流时间虽比坡耕地长，但其产流量还是远小于坡耕地，平均产流量是坡耕地的 71%。在 3 种雨强下，坡耕地的产流时间均比撂荒地提前，而达到稳定入渗率的时间撂荒地比坡耕地长。

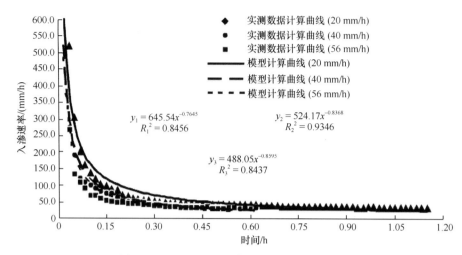

图 5.30 不同雨强下撂荒地土壤入渗性能比较

y_1、y_2、y_3 分别为 20 mm/h、40 mm/h、56 mm/h 的拟合方程

表 5.14 坡耕地与撂荒地不同雨强的产流时间等的比较

项目	20 mm/h		40 mm/h		56 mm/h	
	坡耕地	撂荒地	坡耕地	撂荒地	坡耕地	撂荒地
产流时间/min	32.4	41.0	6.4	9.4	4.0	8.2
达到稳渗率的时间/min	54.0	64.0	29.0	31.0	17.0	20.5
开始产流到达稳渗率时的总产流量/mL	1052.0	315.0	3679.0	2660.0	6138.0	4745.0

从图 5.30（为实际测得折线图）中可看出，坡耕地的初期土壤入渗性能在小雨强条件下略高于撂荒地的入渗性能，而在大雨强条件下则一直低于撂荒地的入渗性能。随雨强的增大，土壤结构的破坏程度增强（Michae et al., 1998），坡耕地的入渗性能急剧减少，且撂荒地的入渗性能基本不受雨强变化的影响。坡耕地土壤的入渗性能对降雨强度极为敏感，而撂荒地具有稳定的土壤结构和入渗性能。与撂荒地相比，各种雨强条件下坡耕地的稳定入渗率都较撂荒地明显降低，最低值仅为撂荒地的 60%。表明耕作破坏了土壤结构，易使表层土壤产生结皮，降低土壤入渗速率，导致径流量增大，土壤侵蚀加剧。

以上表明，耕地与土地撂荒之间对于土壤的入渗性能（就土壤本身）的区别相当明显，坡耕地经过一定时间的撂荒之后，土地得到了一定恢复，土壤结构在不受人力的作用下得到了一定的改善，入渗性能提高，土壤的抗侵蚀能力增强（王晓燕等，2000）。

从降雨入渗率所表现出来的趋势来看，积水前，在降雨初期的很短时间内，降雨入渗率发生急剧变化，随时间延长，这种变化的趋势逐渐变缓；积水后，降雨入渗率变化更为缓慢，整个过程已接近一条曲线。因此，如果依照传统的方法，在实验过程中采用径流收集法来测定降雨入渗性能，由于在数据处理过程中得到的只是降雨入渗的平均值，就有可能错过了降雨入渗曲线前端数据急剧变化的阶段，开始时的瞬间入渗速率值就无法得到。证明径流-入渗-产流方法测定的土壤入渗性能比其他测定方法具有优越性。考虑到野外实验的可操作性，该法的另一个优越性为省水，0.5 m³ 水就可以满足 56 mm/h、40 mm/h、20 mm/h 雨强的降雨，最多只需要 4 个人就可以完成整个实验，受风的影响很小。与其他野外模拟降雨实验相比，其可实施性很强。

在相同土壤前期含水量条件下（11.3%），坡耕地与撂荒地相比，坡耕地的土壤入渗性能小于撂荒地。坡耕地的初期土壤入渗性能在小雨强条件下略高于撂荒地的入渗性能，而在大雨强条件下则一直低于撂荒地的入渗性能。随雨强的增大，坡耕地的入渗性能急剧降低，而撂荒地的入渗性能基本不受雨强变化的影响。坡耕地土壤的入渗性能对降雨强度极为敏感，而撂荒地具有稳定的土壤结构和入渗性能。与撂荒地相比，各种雨强条件下坡耕地的稳定入渗率都较撂荒地明显降低。表明耕作破坏了土壤结构，易使表层土壤产生结皮，降低土壤入渗速率，导致径流量增大，土壤侵蚀加剧。而坡耕地经过撂荒之后，土地得到了一定恢复，土壤结构有了一定的改善，比坡耕地有利于降雨水分的入渗，降低径流流量，减缓土壤侵蚀。在广阔的宁南山区应该将耕地撂荒，将撂荒地与耕地进行合理调配，撂荒与种植交叉进行，这样既可满足人的粮食需求，又可在一定范围内减缓耕作导致的水土流失的程度。

5.8 半干旱典型草原区退耕地土壤结构特征对入渗的影响

黄土高原地区雨量少且不均，降雨多是暴雨。该区 90%的耕地实行旱作农业，坡耕地面积占总耕地面积的 70%，其土壤侵蚀占总侵蚀量的 50%～60%，坡地土壤流失是黄河泥沙的主要来源（邵明安等，1999）。因此，如何将全部降水就地入渗拦蓄（朱显谟，1998），提高土壤的降雨入渗性能，对研究水文过程（熊立华和郭生练，2004）、灌溉管理、土壤侵蚀（蒋定生，1997）、作物水分利用及土壤水分与溶质运移等方面非常重要。

5.8.1 材料和方法

云雾山草原自然保护区位于宁夏南部山区固原市东北部，是黄土高原典型草原带以本氏针茅（*Stipa bungeana*）为建群种的草原生态系统代表性区域之一（邹厚远等，1997）。保护区地处东经 106°24′～106°28′，北纬 36°13′～36°19′，海拔 1800～2148.4m，总面积 4000 hm^2。气候类型属中温带半干旱气候区，年平均气温 4～6℃，干燥度 1.5～2.0，年降雨量 400～450 mm，一般丰水年占 28.0%，平水年占 35.5%，枯水年占 36.5%，7～9 月份降雨量占全年降雨量的 65%～75%，蒸发量 1330～1640 mm；≥0℃积温为 2370～2882℃，年均无霜期为 112～137 天，辐射总量 125 kcal/cm^2[①]。地势为南低北高，阳坡平缓，阴坡较陡，属温凉半干旱黄土覆盖的低山丘陵区，地带性土壤为山地灰褐土和黑垆土，土层分布均匀深厚，地下水位深，土壤水补充能力差。

本研究的主要方法是通过在空间上横向选择不同退耕年限的样地来重建时间上纵向植被恢复演替过程，以此来实现退耕封育后草原植被恢复演替过程中土壤结构特征和入渗性能的变化。在云雾山自然保护区选取退耕 6 年、11 年（有放牧）和 16 年的样地为研究小区，以坡耕地为对照，对其土壤结构和入渗性能进行研究，其颗粒分布砂粒（1～0.05mm）31.4%～34.3%，粗粉粒（0.05～0.01 mm）51.4%～54.8%，黏粒（<0.001 mm）1.2%～2.3%，具体样地条件如表 5.15 所示。

考虑到本试验中准确的降雨量比降雨的能量即降雨的高度更重要，故与雷廷武等（2005）室内研究和杨永辉等（2006）野外研究采用的装置一致，即小型针头下滴式降

---

① 1kcal≈4.18 kJ。

表 5.15 样地基本情况

样地	海拔/m	地理坐标	坡向	坡度/(°)	初始含水量/%	植被	备注
坡耕地	2037	106°23′05.4″E 36°15′42.5″N	SW79° 半阳坡	13.3	9.9	大燕麦	种植年限大于30年的老农地
退耕6年	2083	106°23′14.1″E 36°15′47.7″N	NW82° 半阳坡	13.3	12.5	赖草—阿尔泰狗娃花+猪毛蒿	退耕封禁6年的坡地
退耕11年	2045	106°23′06.0″E 36°15′48.3″N	SW4° 阳坡	17.3	7.1	赖草—猪毛蒿+长芒草	退耕前8年有放牧，后3年封禁
退耕16年	2089	106°23′15.9″E 36°15′55.7″N	SW43° 阳坡	20.7	7.9	铁杆蒿—大针茅+乳白香青+阿尔泰狗娃花	退耕封禁16年的坡地

注：①调查时间：2006年8月上旬。②赖草，*Leymus secalinus*；阿尔泰狗娃花，*Heteropappus altaicus*；猪毛蒿，*Artemisia scoparia*；长芒草，*Stipa bungeana*；铁杆蒿，*Artemisia gmelinit*；大针茅，*Stipa grandis*；乳白香青，*Anaphalis sinica*

雨模拟器（图 5.31）。袁建平等（1999）研究表明，该类型降雨设备降雨强度重复性误差为 1.5%～5.5%，降雨均匀度系数为 0.97～0.99，并具有体积小，质量轻，价格低廉，野外使用运输方便，用水量少等优点。降雨设备由供水桶（图 5.31 未标出）、降雨器和测流装置组成。降雨器长 2 m，宽 0.6 m，底部针头呈梅花形均匀分布，雨滴直径为 1～3 mm，通过供水桶对降雨器的供水，降雨雨强的大小可由调节降雨器内水面的高低得以控制，降雨强度为 17～56 mm/h，降雨时需调节降雨器为水平，以使每个针头的雨滴大小和初速度基本一致，保证降雨的均匀性。在降雨器下测流装置将坡面分为两部分，上半部（AB 段）由不透水磨砂材料（以使该段汇集的水流均匀流下）覆盖，使其入渗率为零，全部降雨汇集形成径流，称其为产流面；下半部（BC 段）为处理过的坡面，该段入渗直接降雨和产流面流入的径流，称其为入渗面。产流面和入渗面的长度均为 1 m，分为宽度为 0.15 m 的 3 个顺坡条带，代表 3 个重复。另外，在降雨前须对降雨的平均强度和均匀性进行率定，在每个雨强中均匀放置 4 个内径为 84 mm 的量雨筒，降雨持续 30 分钟，每个雨强降雨两次。参照黄土区的降雨特征及云雾山保护区对降雨的监测，除特大暴雨外，本试验的雨强在该地区主要降雨雨强范围内，拟用 17 mm/h、43 mm/h 和 56 mm/h 雨强以说明雨强大小对入渗的影响。

图 5.31 坡地降雨小区示意图

实验具体步骤如下：试验开始前用土钻取 0～20 cm 的土样测定初始含水量，用环刀取 0～5 cm 的土样测定容重，罗盘仪测定坡度和坡向，GPS 仪测定经纬度和海拔。水是野外降雨的主要困难，试验设定降雨的顺序为雨强从大到小依次进行，这样既可以充分有效地使用水又可以方便试验的观测和比较。降雨前，将约 0.5 m³ 的水装进储水用的大塑料桶里待降雨用，并为降雨器注入少量水，检查针孔的连通状况。选择坡向和坡度较为一致的坡面，将坡面上的作物残茬或草地植被用剪刀剪掉，移除土壤表层的枯枝落叶层，露出土壤即可，尽量不要破坏土壤的原状性。这样处理坡面的好处，一是降雨直接接触土壤，消除植被对雨水截留和枯枝落叶层对雨水吸收的影响，真实反映在降雨和径流双重影响下土壤本身入渗性能的动态变化过程；二是有利于读取径流在入渗面上的连续推进距离，减少观测误差。另外，应该注意对入渗面每个顺坡条带的处理。由于其宽度为 0.15 m，为最大限度地减少隔离带对降雨入渗试验结果的影响，安装时先将挡板放在安放处并用锋利的刀片沿挡板小心向下划出一道宽度约为挡板厚度的槽，深度约为 10 cm 左右，放进挡板，用铁锤将挡板轻敲至实，然后用玻璃胶粘填挡板土体间的空隙以避免水分沿挡板壁直流入土体。安装好坡面设备和降雨器，调节降雨器水平而使产流面和入渗面在在其降雨范围内。用塑料薄膜覆盖降雨坡面，往降雨器中添加水至降雨雨强所需的刻度，另用塑料管从塑料桶中往降雨器中加水，以维持降雨所耗费的水量。移去薄膜，降雨试验开始，秒表计时，同时进行试验项目的观测。

试验过程和观测项目同 5.7 节。

采 0~10 cm 原状土，室内风干后，取部分土样过 1 mm 筛后用 MS2000 激光颗粒分析仪测定土壤颗粒组成，另一部分土样用沙维诺夫法测定粒径分别为 >5 mm、5~2 mm、2~1 mm、1~0.5 mm、0.5~0.25 mm、<0.25 mm 的水稳性团聚体含量，计算平均质量直径（MWD）、几何平均直径（GMD）和团聚体分形维数；用土钻对 0~20 cm 土层取样，用烘干法（105~110 ℃，10 h）测定土壤含水量；容重用环刀法测定，以密度为 2.65g/cm³ 计算土样的总孔隙度；土壤有机碳采用外加热重铬酸钾氧化法测定；土壤水分特征曲线用离心机法，通过计算土壤水分特征曲线得出土壤毛管孔隙度和非毛管孔隙度，并采用黄冠华和詹卫华（2002）基于 Menger 海绵体结构推导的水分特征曲线模型，通过对水分特征曲线幂函数拟合得到的幂为 $1/(D-3)$，可计算出孔隙组成的土壤孔隙分形维数；用 DPS 数据处理系统对数据进行单因素方差分析并进行显著性检验（$p<0.05$）和逐步回归分析，Sigmaplot10.0 对入渗曲线进行函数拟合分析。

5.8.2 结果与分析

1. 土壤有机碳和土壤团聚体分布

由表 5.16 可以看出，不同样地土壤表层 0~10cm 土壤有机碳含量差异显著，退耕 16 年最大，6 年和 11 年次之，分别是坡耕地的 1.52 倍、1.30 倍和 1.21 倍。除退耕 11 年可能受放牧对表层植被破坏减少土壤表层有机碳的积累外，各样地的有机碳含量基本上随着退耕年限的延长而增加，这可能是坡地退耕后表层枯枝落叶氧化分解后形成有机质增加了表层土壤碳的输入量所致。温仲明等（2005）对森林草原区和刘娜娜等（2006）对典型草原区的研究表明，随着退耕地植被恢复时间的延长，有机碳含量呈显著的增加。从土壤表层的水稳性团聚体分布（表 5.16）可以看出，退耕 16 年的大于 2 mm 粒径水稳性大团聚体含量显著性要比退耕 6 年、11 年的大，坡耕地最少，表现出随着退耕年限增加而增大的趋势。退耕地较好的土壤团聚体稳定性与其较大的有机碳含量有密切的联系，坡地退耕后微生物的活动和植物根系的作用也可促进水稳性团聚体的形成。另外，在小于 0.25 mm 粒径的水稳性微团聚体含量表现出随着退耕年限延长而显著减少的趋势，相比坡耕地，退耕 6 年、11 年和 16 年分别减少了 9.6%、17.8% 和 22.4%，这也说明了坡地退耕后随着年限的延长，土壤结构得到明显的改善。

表 5.16　不同样地 0~10cm 土层土壤有机碳含量和土壤水稳性团聚体粒径分布

样地	有机碳/(g/kg)	土壤水稳性团聚体粒径分布/%							MWD[②]/mm	GMD[③]/mm
		>5mm	5~2mm	2~1mm	1~0.5mm	0.5~0.25mm	<0.25mm	>0.25mm		
坡耕地	13.43d	6.9c[①]	6.9b	7.6a	14.1a	8.2a	56.3a	43.7c	0.91c	0.35c
退耕 6 年	17.52b	6.5c	8.9ab	9.3a	16.2a	8.1a	51.0b	49.0b	0.99c	0.39c
退耕 11 年	16.22c	18.1b	10.6a	8.9a	12.7a	6.1b	43.6c	56.4a	1.58b	0.58b
退耕 16 年	20.48a	28.8a	7.1b	5.5b	10.3a	6.5b	41.8c	58.2a	1.92a	0.68a

①同一列字母不同表示差异显著（$p<0.05$）；②平均质量直径；③几何平均直径

为评价土壤结构稳定性，常用 Van Bavel（1949）提出的平均质量直径（MWD）和 Mazurak（1950）提出的几何平均直径（GMD）两个指标进行评价。MWD 为各级团聚体的综合指标，其值随着大粒级团聚体含量的增加而增大，MWD 大的结构好，小的结构差；GMD 是对土样中团聚体在主要粒级分布的描述，GMD 的不同也意味着土壤中孔隙度的差异，其值越大，团聚体含量在大粒级上的分布越多，孔隙度越好。从表 5.15 可看出，退耕 16 年的 MWD 和 GMD 值均显著大于其他样地，退耕 11 年显著大于退耕 6 年和坡耕地，退耕 6 年的 MWD 和 GMD 值比坡耕地大，但不显著，说明坡地退耕植被恢复后土壤表层的土壤结构稳定性和孔隙状况有了显著的提高。有研究表明（Zhang et al.，2006；赵世伟等，2005），植被恢复提高了土壤结构的稳定性，而土壤结构稳定性和孔隙状况对土壤的入渗和抗侵蚀能力有着重要作用。

2. 土壤孔隙度和分形维数

土壤结构是指土壤单粒和复粒的排列、组合形式（黄昌勇，2000）。土壤孔隙状况是土壤结构特征的重要组成部分。土壤容重和土壤总孔隙度与土壤渗透性能密切相关，而毛管孔隙度和非毛管孔隙度可用来描述土壤中孔隙的分布状况。从表 5.17 可以看出，随着退耕年限的增加，土壤容重表现出先增大后减少的趋势，坡耕地和退耕 16 年虽然差别不大但形成的原因却不相同，坡耕地的低容重是人为活动和机械耕作所产生，而退耕 16 年则是在植被和微生物等因素影响下形成的，退耕 6 年的高容重可能是受降雨雨滴的击打和径流冲刷等因素使表层土壤变紧实的影响致使，而退耕 11 年的高容重是因为放牧中牲畜对土壤表层的践踏所致（范春梅等，2006）。另外，毛管孔隙度逐渐增大和非毛管孔隙度降低的趋势表明，随着退耕年限的延长，土壤结构的孔隙状况越来越好，这对土壤持水和导水能力的提高有重要作用。

随着分形理论在土壤中的应用，团聚体分维和孔隙分维被用来评价土壤结构特征（王玉杰等，2006）。土壤团聚体分维反映了土壤团聚体含量对土壤结构与稳定性的影响趋势，分维越小，说明土壤越具有良好的结构和稳定性。而孔隙分维越大，则说明孔隙越均匀，孔隙连通性越好。从表 5.17 中可看出，除退耕 11 年样地受放牧影响孔隙分维

表 5.17　土壤孔隙度和分维指标

样地	容重/(g/cm³)	总孔隙度	毛管孔隙度	非毛管孔隙度	孔隙分维	团聚体分维
坡耕地	0.97c	63.53	21.57	41.96	2.7898	2.8464
退耕 6 年	1.02b	61.65	28.16	33.49	2.8399	2.8192
退耕 11 年	1.13a	57.50	18.74	38.76	2.7527	2.7550
退耕 16 年	0.96c	63.68	31.73	31.95	2.8312	2.7343

注：同一列字母不同表示差异显著（$p<0.05$）

最小外，总体上样地随着退耕年限的增加，团聚体分维变小，孔隙分维变大，说明坡地退耕植被恢复后使土壤的结构变好，稳定性加强，孔隙均匀状况和连通性得到提高，这与上述分析的结果一致。

3. 退耕年限坡耕地不同雨强的降雨入渗过程

根据图 5.32 和表 5.16 中不同样地在 17 mm/h、43 mm/h 和 56 mm/h 降雨雨强下的土壤入渗过程曲线和入渗产流性质，可将土壤水分入渗过程分为初始入渗阶段（0～5 min）、减缓入渗阶段（5～45 min）和稳定入渗阶段（>45 min），以探讨在不同阶段土壤的入渗性能变化。由图可以看出，土壤入渗率随时间变化的曲线清晰地反映出了土壤在初始降雨时的较强入渗能力，真实表现了土壤降雨入渗能力变化的全过程。这是以往的测量方法因无法得到降雨早期土壤很高的入渗数据而无法反映出来的，体现了本试验所采用产渗流法的优越性。

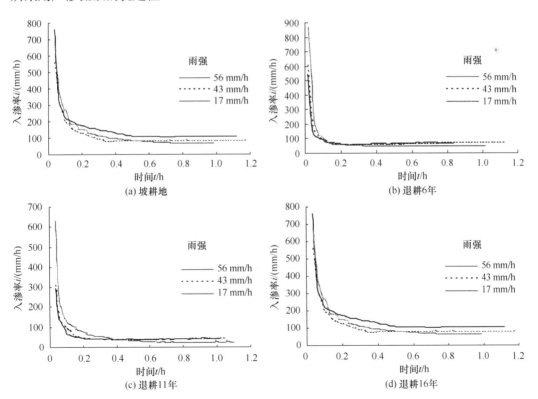

图 5.32　不同样地在不同雨强下土壤入渗性能比较

不同雨强下所表现的入渗能力差异非常显著（图 5.32 和表 5.16）。坡耕地的土壤入渗率在整个入渗过程中均表现为随着雨强的增大而显著地降低，产流时间和达到稳渗率的时间均随着雨强的增大而减少。17 mm/h 雨强下坡耕地的稳渗率分别是 43 mm/h 和 56 mm/h 雨强的 1.23 倍和 1.94 倍。说明坡耕地表层土壤入渗性能对雨强的大小非常敏感。这个试验结果与雷廷武等（2005）和杨永辉等（2006）的研究结果基本一致。这可能有三个方面的原因：①坡耕地土壤表层的结构和孔隙状况不好，有机碳含量低不利于团聚体的形成和稳定性，大于 0.25 mm 的水稳性大团聚体含量较少，虽然容重较低，但毛管孔隙度并不大，不利于对大雨强产生的水分在土壤中的传导和流动。②坡耕地土壤表层经雨滴打击后，土壤结构遭到大雨强（56 mm/h）击溅侵蚀的程度要大于小雨强，而且大雨强有更大的水流趋使能力，降雨产生的径流携带侵蚀的土壤颗粒会堵塞地表土壤孔隙，使地表封闭或形成结皮，从而减少土壤的降雨入渗性能。这一过程和结果是双环法所不能反映的，说明了产渗流法的又一优势。③较大的降雨强度和入流量也可使地表土壤颗粒湿润速度加快，从而可能使土壤结构发生崩解，形成更为细小的颗粒堵塞地表土壤孔隙，减少入渗，增加地表径流和土壤侵蚀。

但是，从图 5.32 可以看出，同坡耕地相比，退耕 6 年、11 年和 16 年的样地在不同雨强下的土壤入渗性能却表现出相反的趋势，即随着雨强的增大，各样地的土壤稳渗率也随之增加。退耕 6 年和 11 年样地在模拟降雨 43 mm/h 和 56 mm/h 雨强下所表现出的土壤入渗性能变化过程相差不大，其初始入渗率比 17 mm/h 雨强的低，但稳渗率要比 17 mm/h 的大。退耕 6 年和 11 年在 43 mm/h 和 56 mm/h 雨强下的稳渗率差异不显著，分别为 17 mm/h 雨强下的 1.27 倍、1.32 倍和 1.49 倍、1.50 倍，说明更大的雨强（56 mm/h）对增加土壤入渗量没有明显的作用，反而可能因为更大的雨强会产生更多的径流，从而引起更大的土壤侵蚀量，这也是黄土高原土壤侵蚀严重的原因之一（蒋定生，1997）。退耕 16 年在不同雨强下的土壤入渗性能变化差异显著，在初始入渗阶段入渗率相差不大，减缓入渗阶段表现为 56 mm/h>43 mm/h>17 mm/h，稳定入渗阶段的入渗率表现为 56 mm/h 雨强的最大，43 mm/h 雨强其次，分别比 17 mm/h 雨强高 54.6%和 15.3%，表明退耕 16 年后土壤的入渗性能和抗侵蚀能力均得到提高。

4. 土壤结构特征对不同雨强下土壤入渗率的影响

对影响土壤入渗率的相关因子相关性分析，有机碳含量、大于 0.25 mm 水稳性团聚体含量、MWD、GMD 和团聚体分维相互之间有显著的相关性（$p<0.01$），孔隙分维和非毛管孔隙度与其他因子的相关性不显著（$p>0.05$）。通过对 17 mm/h、43 mm/h 和 56 mm/h 雨强下各样地的入渗率与相关因子进行逐步回归，得到以下关系式：

$$i_{17}=220.520+2.111C-200.991\rho_b \quad (R=0.996, n=12, p<0.01) \quad (5.21)$$

$$i_{43}=38.730-1.159\phi_{非毛管}+2.476\phi_{毛管} \quad (R=0.998, n=12, p<0.01) \quad (5.22)$$

$$i_{56}=-13.255+11.390C-115.077\rho_b \quad (R=0.997, n=12, p<0.01) \quad (5.23)$$

式中，i_{17}、i_{43} 和 i_{56} 分别为 17 mm/h、43 mm/h 和 56 mm/h 雨强下各样地的稳渗率；C 为土壤有机碳含量；ρ_b 为容重；$\phi_{毛管}$为毛管孔隙度；$\phi_{非毛管}$为非毛管孔隙度。由式（5.21）和（5.23）可知，在 17 mm/h 和 56 mm/h 雨强下各样地的稳渗率与有机碳含量呈正相关，与容重呈负相关，即随着土壤有机碳的增加和容重的减少，土壤结构变得更好，从而使土壤稳渗率增大。在 43 mm/h 雨强下，稳渗率主要与毛管孔隙度相关，说明毛管孔隙度增加对稳渗率的增大有重要作用。土壤中有机碳含量的增加是提高土壤结构稳定性的重要因子（Franzluebbers，2002），土壤容重和毛管孔隙度是表征土壤结构的重要方面，而土壤结构稳定性和孔隙状况的提高可增加土壤对水分的入渗性能（Zhang et al.，2006），因此土壤的结构特征对土壤的入渗性能有着重要的影响。

相比坡耕地，随着退耕年限的延长，退耕 6 年、11 年和 16 年样地土壤的结构稳定性和孔隙状况均有较大的提高，入渗和抗侵蚀能力也得到增强，因此在模拟降雨入渗过程中随着雨强的增大，土壤入渗能力也有所增强。而坡耕地随着雨强的增大其稳渗率反而降低，这是由于坡耕地表层土壤有机碳含量低，土壤结构较差，在大雨强的降雨和侵蚀作用下，土壤团粒结构迅速分解，颗粒会堵塞表层孔隙形成结皮，减少水分向下层土体的流入，从而导致土壤入渗能力的降低。比较样地的稳渗率，坡耕地、退耕 6 年和 16 年样地土壤结构稳定性的增强，提高了土壤的入渗率，这从正面说明了土壤结构对水分入渗的促进作用；而退耕 11 年样地受放牧的影响，容重变大和孔隙度降低，土壤入渗率下降，这从反面也说明了土壤结构变差对水分入渗的阻止作用。

第6章 点源和线源入流测量方法

从国内外研究对土壤入渗性能现存测量方法的介绍中可以看出，传统土壤入渗过程测量方法存在很多不足。例如，双环法在入土的过程中严重破坏了土表的原始结构。在向双环注水的过程中，由于冲刷以及快速的湿润地表引起地表结皮，大大降低了水流进入土壤的速度。受马氏瓶供水能力的限制，并不能满足整个过程尤其是入渗初期充分供水的要求（Janeau et al，2003）。由于上述原因，双环法并不能测量到真实的、初始很高的土壤入渗率。人工降雨法不受坡度等条件的限制，测量结果可以从一定程度上反映出天然降雨过程中的土壤水分入渗变化（赵西宁和吴发启，2004）。但是受雨强的限制，人工降雨法测量不到土壤初始很高的入渗率，而且由于雨滴对地表的打击作用形成地表结皮，影响到测量的准确性（Morin and Van Winkel，1996）。圆盘入渗仪测量方法（Perroux and White，1988）需水量相对较少，而且仪器体积小，便于携带。但同时入渗面积小（直径 20 cm）、深度浅（20～30 cm）、代表性较差，而且试验过程中有侧渗，影响了试验的测量精度（许明祥等，2002）。

本章的主要研究内容：①提出一种方便、快捷测量土壤入渗性能的点源和线源入流新方法；②构建由水流湿润地表土壤面积随时间的变化过程来估计土壤入渗性能的数学模型；③开发满足测量要求的测量系统；④采用室内试验说明试验过程、记录数据的方法，计算土壤入渗性能的方法；⑤利用水量平衡原理分析该方法的测量误差。

6.1 模型原理与数值方法

图 6.1 定性地描述了在供水流量恒定的条件下，土壤中某一点入渗率随时间变化的完整过程以及相应的地表湿润面积变化的完整过程。由于入渗过程是在充分供水条件下实现的，因此入渗曲线就是土壤的入渗能力曲线。

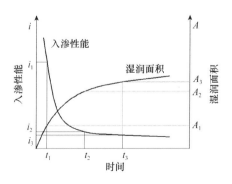

图 6.1 土壤入渗性能与湿润面积过程曲线

在图 6.1 所示的入渗性能曲线上，在初始的 t_1 时刻土壤入渗能力很大，并且随时间的推进迅速降低。在初始阶段，水流在土壤表面的推进面积很小，而且从图中面积时间曲线的斜率可以看出，此时水流在土壤表面向前推进的速度较快，对应于土壤入渗率的降低速度很大。到达 t_2 时刻时，入渗能力降低至 i_2，相应的土壤表面的湿润面积增加到 A_2。至 t_3 时刻，土壤入渗能力趋近于稳定入渗率 i_3，图中面积时间的关系曲线趋于水平，土壤表面湿润面积逐渐达到稳定 A_3。

恒定流量下土壤入渗性能的变化过程与地表湿润面积的推进过程紧密相关。因此，入渗性能与时间关系曲线可以从土壤湿润面积与时间的关系曲线中推导得出。

水流在地表推进的过程中，地表各点上经历入渗的起始时间是不同的。假定土壤为均匀介质，各处的入渗性能相同，则各点的入渗性能与各点入渗开始后的时间具有相同的关系，从而不同位置处土壤入渗性能随时间的变化过程产生差异。图 6.2 所示为不同空间位置点在同一时刻的入渗率分布。在 t_1、t_2、t_3 时刻，水流到达的 3 个空间位置分别是 A_1、A_2、A_3。各位置水流到达的时间是不同的，但各个位置上的入渗性能与时间的函数关系是一样的。相当于各入渗性能曲线随水流到达时间的先后平移。

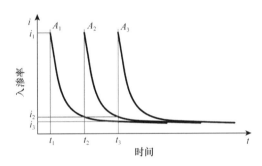

图 6.2　不同空间点处的入渗性能曲线

上述描述表明，在同一时刻，不同空间点上土壤入渗率性能存在差异，如图 6.3 所示。在 t_1 时刻，水流刚到达 A_1，此时 A_1 处的土壤入渗性能是很大的初始入渗性能。在 t_2（t_3）时刻，水流刚到达 A_2（A_3），A_2（A_3）处的入渗性能是很大的初始入渗性能，而此时 A_1 处的入渗性能由图 6.1 中给出的曲线可以看出已经降低为 i_2。当时间持续到 t_3 时，A_1 和 A_2 处的入渗率按图 6.1 的趋势已分别减少至 i_3 和 i_2。具体变化过程如图 6.3 所示。

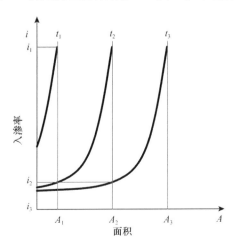

图 6.3　某一时刻入渗率的空间分布曲线

为了推导计算模型,假设在不同部位的土壤具有相同的入渗性能。运用水量平衡原理得出在入渗过程中入渗率与供水流量的关系:

$$q = \int_0^A i(A,t) \, dA \tag{6.1}$$

式中,q 为供水流量,mm³/h;i 为入渗率,mm/h;A 为湿润面积,mm²。

式(6.1)表明,任意时刻供给的水流通量 q 等于该时刻的入渗率对该时刻对应的湿润面积的积分。

寻求式(6.1)所表示的积分方程的精确解析解,得到入渗率函数 $i(t)$ 存在一定的困难。可以做近似计算:选择较小的时间间隔即较小的面积增量步长,在各时段以及面积增量段内,取入渗为平均值,可以递推得到 $i(t)$ 的近似估计值。具体计算过程可以表述如下:

设 t_1,t_2,t_3,…,t_n 时刻相应的湿润面积增量分别为 ΔA_1,ΔA_2,ΔA_3,…,ΔA_n,对应的入渗率分别为 i_1,i_2,i_3,…,i_n,水流流量为 $q = q_1$,q_2,q_3,…,q_n(取为常数),由式(6.1)及上述讨论有:

t_1 时段水量平衡:

$$q_1 = i_1 \Delta A_1$$

t_2 时段水量平衡:

$$q_2 = i_2 \Delta A_1 + i_1 \Delta A_2$$

t_3 时段水量平衡:

$$q_3 = i_3 \Delta A_1 + i_2 \Delta A_2 + i_1 \Delta A_3$$

t_n 时段水量平衡:

$$q_n = i_n \Delta A_1 + i_{n-1} \Delta A_2 + \cdots + i_1 \Delta A_n \tag{6.2}$$

由式(6.2)得不同时间的入渗率为

$$i_n = \frac{q_n - \sum_{j=1}^{n-1} i_j \Delta A_{n-j+1}}{\Delta A_1} \quad (n = 1, 2, \cdots) \tag{6.3}$$

例如,当 $n=1$、2、3 时,入渗率可以分别由式(6.3)计算

$$i_1 = \frac{q_1}{\Delta A_1 \cos \alpha} \tag{6.4}$$

$$i_2 = \frac{q_2 - i_1 \Delta A_2 \cos \alpha}{\Delta A_1 \cos \alpha} \tag{6.5}$$

$$i_3 = \frac{q_3 - (i_1 \Delta A_3 \cos \alpha + i_2 \Delta A_2 \cos \alpha)}{\Delta A_1 \cos \alpha} \tag{6.6}$$

式中,α 为坡面与水平面夹角。

从图 6.1 中可以看出,在 t_2 时刻,水流向前推进的面积增加了 ΔA_2,此处的入渗率与在 t_1 时间内水流向前推进的面积 ΔA_1 上的 t_1 时刻的入渗率相同,为 i_1。而此时 ΔA_1 面积上的入渗率降低,为 i_2。其他时间段也与此相类似。

6.2 试验材料与方法

室内试验系统由土槽、布水器、供水装置和测量装置组成。采用铁板制成土槽，容积为 1 m×0.6 m×0.25 m，沿宽度方向分为 3 个同样尺寸为 1 m×0.2 m×0.25 m 的小槽，作为 3 个重复。土槽的侧面固定有刻度的标尺，用于记录水流在地表推进的过程。

所谓线源入流，是指进入土壤的水流是线状的，具体而言是水流进入土壤时，在宽度方向上是均匀分布的。为使水流线源入流进入到土槽，系统采用线性地面径流布水器。布水器由供水软管、有机玻璃板、海藻棉和海绵作为主要材料。在一块尺寸为 6 cm×19 cm×0.8 cm 的有机玻璃上，将两条相同的宽 8 mm、长 20 cm、高 8 mm 的海藻棉间隔 1.5 cm 粘到有机玻璃的长边，供水管流出的水流通过下部的两道海藻棉渗流出来，进入土表，使得水流缓慢均匀分布在地表。在有机玻璃板的两侧粘上海绵作为挡水材料，以防止水从布水器两侧渗漏。

系统采用马氏瓶恒压供水。选用的马氏瓶尺寸为内径 18 cm，高 45 cm。在试验前，分别标定 3 个马氏瓶的流量。利用升降台将马氏瓶出水口与其出水管口的高差控制在 30 cm，控制流量为 4.4 L/h，由于系统误差，实际供水流量为 4.2～4.4 L/h。将马氏瓶出水管与地面径流布水器连接。试验装置系统模型如图 6.4 所示。

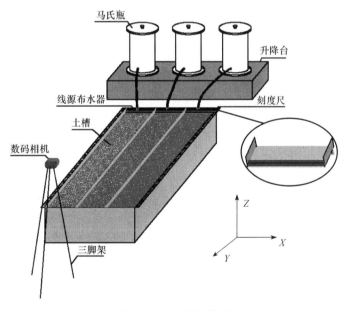

图 6.4 试验装置模型

试验所用土壤为壤土，其中砂粒（2～0.05 mm）占 53%、粉粒（0.05～0.002 mm）占 27%、黏粒（<0.002 mm）占 20%。

采用数码照相机方法记录水流在地面湿润面积的变化过程。

将线源方法得到的数据与双环法测量得到的数据进行比较。采用的双环法的内环与外环直径分别为 53 cm 和 28 cm。双环法测量数据的具体步骤见文献（Lei et al., 2006a）。

试验的具体步骤如下：将土样风干后过 2 mm 筛。在 3 个小土槽底部分别装入一层 1.5 cm 厚的细砂，以形成透水透气性能较好的透水边界。按天然容重即 1.26 g/cm³ 将土样每 5 cm 为一层分层装入。土样放入土槽后，在不捣压的前提下用耙子整平。并在装入下一层土之前，先将前次装入的土层表面用工具打毛，以避免上下土层之间出现结构和水动力学特性突变等不必要的内边界。整个土槽的装土深度为 20 cm。

试验中将土槽放置在 5°或 15°的斜坡上。

具体试验中的观测内容和记录数据如下：

（1）记录时段：由秒表控制，按 1 min、2 min、5 min、10 min、15 min、30 min 的时间间隔来安排马氏瓶累积供水量读数和拍照时间间隔。

（2）时段内入渗水量：由马氏瓶上的累积供水量计算时段内流入地表的水量。

（3）地表湿润面积的变化过程：由拍得的照片对应土箱两边的刻度记录，通过计算机处理计算得到时段的水流推进面积。

6.3 试验结果与误差分析

6.3.1 入渗性能数值计算结果

试验中湿润面积的计算采用网格计算法，在计算机上实现，即由试验过程中数码相机拍得的各个时间点上的照片，将其中的湿润面积用等分土槽的长和宽得到的网格线划分为面积相同的小格。照片中的土槽会有变形，而网格是等分照片中土槽的长宽得到的，它大小和形状可以随着照片的变形而变形，但是代表的面积是固定的，这样就可以准确地求出照片中的湿润面积。

试验中得到的湿润面积 A 随时间 t 的增加而增加，如图 6.5 所示。

$$5°\ A = 81582\left(1-\mathrm{e}^{-0.032t}\right) \tag{6.7}$$

$$15°\ A = 85282\left(1-\mathrm{e}^{-0.033t}\right) \tag{6.8}$$

用幂函数式（6.7）、式（6.8）拟合 A 与 t 的关系，具有很高的相关性。分析可知，A 与 t 拟合方程中时间的系数小于 0，表明当时间趋近于无穷时，A 对 t 的导数为零，即表明 A 值随着时间的推移将趋于稳定，入渗率也趋于稳定。

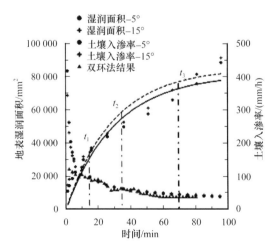

图 6.5 累积湿润面积与入渗性能随时间的变化

从图 6.5 中可以明显地看出，得到的测量结果很好地表达了土壤入渗性能随时间变化规律的概念：在入渗过程最初阶段，土壤具有很高的入渗率性能，随着时间的推移，土壤的入渗性能迅速降低，当入渗进行一段时间后，入渗率稳定在一个低且比较固定的水平上，即土壤的稳定入渗率。

图 6.6 所示为坡面上不同位置处土壤入渗性能变化过程曲线。水流推进到某一位置时，此处的土壤开始入渗，具有很高的入渗率。在水流经过的地表，由于入渗已经历了一定时间，土壤的入渗性能已降低到一个比较低的水平。这也与前面的分析一致。

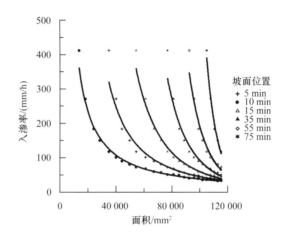

图 6.6　不同坡面位置入渗性能随时间的变化过程

6.3.2　入渗性能测量结果的模型表达

1. 线源入流测量方法分析

如图 6.5 所示，本研究提出的线源入流测量方法可以测量得到完整的土壤入渗性能随时间变化过程线。以本研究中进行的室内试验为例，每次试验（无重复情况下）需要土壤 48 kg。试验中，若装入土槽的土是非均质的，水流会经由地表及土壤较疏松的位置直接渗入到土槽底部，导致水分漏失，进而导致试验的失败。因此，在试验之前，要求必须将土壤均匀地、分层地装入土槽，以保证整个土槽装土的均匀性。土壤的搬运以及装土的要求是在室内试验应用本测量方法所必须完成的步骤。在野外试验中，这两个要求可以自动满足。线源方法所使用的试验仪器简单、易于搬运，试验中需要很少的水量以及试验时间。这些均表明，本研究提出的测量方法非常适用于野外测量环境。关于本方法在野外试验中的应用还需要进一步的试验研究。

2. 坡度对土壤入渗性能的影响

如图 6.5 所示，坡度为 15° 的地表测量得到的初始入渗性能比坡度为 5° 的地表测量结果稍低。这表明地表坡度的增加会导致土壤初始入渗性能的降低。类似地，地表坡度的增加会导致地表产流水动力的增加，进而加速地表产流的速度并减少地表水流的深度。Chaplot 和 Le Bissonnais（2000）得到过类似的结果，即地表水流深度的降低对应于水流速度的增加。在试验后期（图 6.5），两种坡度条件下测量得到的土壤稳定入渗性能很接近。这表明，地表坡度对土壤稳定入渗性能的影响很小。Singer 和 Blackard（1982）

与 Mah 等（1992）的研究表明，地表坡度与土壤入渗性能之间没有明显关系。这一结论与本研究得到的结果一致。Bobe（2004）利用人工降雨器完成了一系列室内试验，试验选用土壤为砂土、壤土和黏土，试验设置三个坡度（5°、10°与 15°）。结果表明，坡度对土壤入渗性能的影响很小。Peosen（1986）发现，随着坡度的增加，雨滴与地表的夹角变小，雨滴对地表的打击作用变小，从而地表结皮现象减弱，土壤入渗性能随地表坡度的增加而增大。Janeau 等（2003）得出过同样的结论。综合以上分析发现，迄今为止对地表坡度和土壤入渗性能的研究没有得到一致的结论。

以上关于坡度对土壤入渗性能的研究大部分是利用人工降雨方法进行的。在人工降雨试验中，受降雨强度的限制，观测不到土壤初始的入渗性能，试验测量结果还同时受雨滴打击作用、地表结皮等因素的影响，因此测量得到的结果不能完全真实地反映出地表坡度对土壤入渗过程的影响作用。本研究提出的土壤入渗性能线源入流测量方法可以完整地、准确地测量出不受任何因素影响的土壤的本征入渗性能，为单因素/多因素对土壤入渗性能影响的研究提供了有效工具和研究基础。

双环入渗试验中，由于受试验初期供水不足的影响，测量得到的土壤初始入渗性能为 121.32 mm/h（Lei et al, 2006a），大大低于本研究提出的线源试验中测量得到的 417.49 mm/h（5°）和 343.20 mm/h（15°）。经过分析发现，双环入渗测量试验中，地表产生明显的结皮现象，这大大降低了土壤本身的入渗性能，影响了试验结果的精度（Lei et al., 2006a）。因此得出双环法测量得到的土壤入渗性能与线源入流测量方法得到的结果相比，不仅初始入渗性能很低，得到的稳定入渗率由于地表结皮的影响也低于线源入流测量得到的结果。

3. 模型表达

土壤入渗公式或模型本身是不能用来确定特定条件下的土壤入渗性能。只有当土壤入渗性能经由测量方法测量出之后，才可以利用已提出的土壤入渗公式或模型进行表达。本研究中利用现在广泛使用的入渗模型对测量得到的结果进行拟合，得到模型参数并进行比较。这些入渗模型包括 Philip 入渗模型（PM）、Kostiakov 入渗模型（KM）、Kostiakov 修正模型（MK_1 中，稳定入渗率取为 20 mm/h，MK_2 中，稳定入渗率取为 30 mm/h，MK_3 中，稳定入渗率取为 40 mm/h，MK_4 中，稳定入渗率取为 51 mm/h，MK_5 中，稳定入渗率取为 60 mm/h）。Mbagwu（1995）曾做过类似的拟合比较。详细数据及拟合情况如图 6.7 所示。

图 6.7 所示为不同入渗模型对测量结果拟合的结果。从图 6.7 中的直接拟合结果看，大部分入渗模型（PM、KM、MK_1、MK_2 与 MK_3）对测量结果的拟合结果都很好，都可以用来描述该条件下土壤入渗过程。模型 MK_4 与 MK_5 拟合得到的稳定入渗率比实测值偏大（图 6.7）。所有入渗模型中，KM 给出的拟合结果最好，与实测值最贴近。Gosh（1980；1983）得出过一致的结论。这表明：

（1）Kostiakov 入渗模型较其他入渗模型更适合用来描述本研究中所使用的沙壤土的入渗过程。

（2）当土壤稳定入渗率未知时，可以利用已测得的入渗率与 Kostiakov 入渗模型对其余数据进行预测。

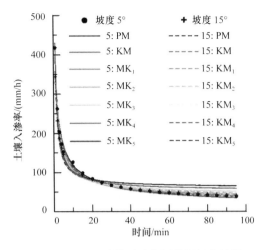

图 6.7 不同入渗模型对实测数据拟合结果

模型中，i 为入渗率，mm/h；t 为时间，min；K 为 Philip 模型中的土壤水分传导率，mm/h；A_0 为 Philip 模型中的土壤水分吸着率，mm/30min；K_s 为饱和导水率，mm/h；A 为 Kostiakov 模型中回归的常数；B 为 Kostiakov 模型中时间指数；i_f 为稳定入渗率，mm/h。

具体的模型拟合参数及确定性系数见表 6.1。分别将测量结果与拟合结果作为 X 轴和 Y 轴进行比较，具体如图 6.8 所示。

表 6.1 土壤入渗性能的模型拟合结果

模型	入渗公式	拟合参数 5°	拟合参数 15°	确定性系数 (R^2) (5°)	确定性系数 (R^2) (15°)
Philip	$i=K+A_0 \times t^{-0.5}$	$K=-5.58$, $A_0=393.30$	$K=7.237$, $A_0=324.38$	0.988	0.997
Kostiakov	$i=A \times t^B$	$A=397.32$, $B=-0.539$	$A=330.21$, $B=-0.474$	0.991	0.995
MK$_1$–20	$i=K_s+A \times t^B$	$A=389.46$, $B=-0.643$, $K_s=20$	$A=319.94$, $B=-0.572$, $K_s=20$	0.996	0.998
MK$_2$–30	$i=K_s+A \times t^B$	$A=385.56$, $B=-0.707$, $K_s=30$	$A=315.10$, $B=-0.636$, $K_s=30$	0.995	0.996
MK$_3$–40	$i=K_s+A \times t^B$	$A=381.17$, $B=-0.779$, $K_s=40$	$A=310.04$, $B=-0.709$, $K_s=40$	0.990	0.989
MK$_4$–51.04	$i=i_f+A \times t^B$	$A=375.00$, $B=-0.869$, $i_f=51.45$	$A=303.63$, $B=-0.802$, $i_f=51.04$	0.977	0.973
MK$_5$–60	$i=K_s+A \times t^B$	$A=369.37$, $B=-0.94$, $K_s=60$	$A=297.41$, $B=-0.884$, $K_s=60$	0.960	0.951

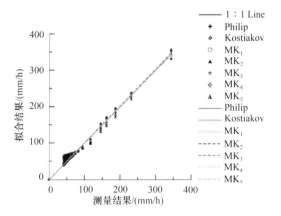

图 6.8 测量值与拟合值比较

表 6.1 与图 6.8 表明，所有入渗模型（PM、KM 与 MK_s）均很好地描述了土壤入渗过程。拟合得到的确定性系数均超过 0.95。随着稳定入渗率设定值的增加，参数 A 和 B 均减少。图 6.9 和表 6.2 利用双质量法对测量数据和模型预报结果做了进一步分析比较。

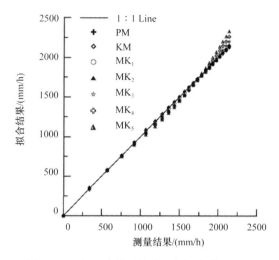

图 6.9　累积入渗量测量结果与拟合结果比较

具体拟合方程、具体参数及确定性系数见表 6.2。

表 6.2　累积入渗量与拟合数值比较结果、具体参数及确定性系数

模型	入渗公式	拟合公式 $Y=M\times X$	确定性系数（R^2）
Philip	$i=K+A_0\times t^{-0.5}$	M=0.999	0.997
Kostiakov	$i=A\times t^B$	M=0.998	0.996
MK_1-20	$i=K_s+A\times t^B$	M=0.9997	0.998
MK_2-30	$i=K_s+A\times t^B$	M=1.0004	0.996
MK_3-40	$i=K_s+A\times t^B$	M=1.003	0.989
MK_4-51.04	$i=i_f+A\times t^B$	M=1.009	0.972
MK_5-60	$i=K_s+A\times t^B$	M=1.017	0.947

如表 6.2 所示，所有的入渗模型拟合线的斜率都接近 1（0.998～1.017），确定性系数均高于 0.95。这表明这些入渗模型均可以用来描述测量得到的土壤入渗性能过程线。虽然其中几个入渗模型设定的稳定入渗率各不相同，但是对最终拟合结果影响不大。入渗模型 MK_4 中设定的稳定入渗率值为试验实测值，因此该模型拟合得到的入渗过程更符合实际，并具有相应的物理意义。

6.3.3　误差分析

由于试验中存在不可避免的随机因素的影响，测量结果存在一定的误差。误差来源主要有以下几个方面：在每个试验过程中的读数，如马氏瓶读数和在处理数据过程中的面积读数都不可避免地存在一定的误差影响试验精度；土样装填过程中局部的非均匀性引起的误差；采用式（6.3）做近似计算引起的误差。

相对误差分析的基本原理为水量平衡原理。具体计算方法为比较由入渗率曲线计算

得到的复原水量与实际供水水量的差异。由土壤入渗率及对应的时段可以计算得出坡面上不同位置在该时段内的累积入渗量，然后将整个坡面上的累积入渗量累加，得到全坡面上整个入渗过程中入渗的总水量，即为理论（复原计算）入渗水量 Q_1。将复原的入渗水量与试验中记录的马氏瓶相应时段的总供水量 Q_2 做比较，最后得出试验误差，具体公式如下：

总入渗量为

$$Q_1 = \int_0^A \left[\int_0^T i(t,A) \mathrm{d}t \right] \mathrm{d}A \tag{6.9}$$

其中：

$$I = \int_0^T i(t,A) \mathrm{d}t \tag{6.10}$$

式中，I 为累积入渗量，mm，是坡面位置的函数。

而马氏瓶的供水量由试验中马氏瓶的读数测得或由下面的公式求出：

$$Q_2 = qT \tag{6.11}$$

式中，q 为马氏瓶的供水流量，L/h 或 mm/min。

试验误差为

$$\delta = \left| \frac{Q_2 - Q_1}{Q_2} \right| \times 100\% \tag{6.12}$$

由上面提供的试验数据计算得到的试验误差见表 6.3。

表 6.3 相对误差计算结果

坡度/(°)	相对误差（重复1）/%	相对误差（重复2）/%	相对误差（重复3）/%
5	14.8	8.43	7.21
15	15.3	17.3	10.8

结果表明，测量方法具有很高的精度。

第 7 章 点源和线源入流测量方法的近似解析模型

土壤入渗性能的线源入流测量方法克服了双环入渗测量方法、人工模拟降雨法以及圆盘入渗仪法等方法在无法测量很高的土壤初始入渗率、无法充分供水以及造成地表土壤崩解结皮等方面的缺点。但同时，由于受计算模型及其数值解法的限制，采用线源入流测量方法在计算时必须选用相同的时间间隔。这一限制增加了应用上的很多不便。

Lewis 与 Milne（1938）将带状恒定流量灌水条件下累积入渗量与地表水流推进联系起来，表达为

$$\frac{q}{L}t_x = cx + \int_x^0 y(t_x - t_s)\mathrm{d}x \tag{7.1}$$

式中，q 为供水流量；L 为土槽宽度；x 为地表薄层水流深度（可以忽略不计）；c 为地表水流平均深度；y 为累积入渗量；s 为水流推进距离；t_x 与 t_s 分别为试验持续时间和水流推进时间。

式（7.1）虽然表达形式简单，但是其通用解析解却很难得到。由于式（7.1）求解的难度很大，而且土壤入渗性能方程未知，Lewis 与 Milne（1938）提出了特定条件下由特定的累积入渗量表达式来预测地表水流推进过程近似解。Philip 和 Farrell（1964）应用 Faltung 理论和 Laplace 变换提出了式（7.1）的近似通用解。假定累积入渗量方程取幂函数或者欧拉函数的形式，在恒定流量和地表水流深度的条件下，得到了地表水流推进方程。虽然这些研究较之前有了很大发展，但是仍然没有得到这一方程的通用解析解。

土壤入渗性能作为土壤重要的一种特性与累积入渗量是直接、紧密地联系在一起的。若土壤入渗性能方程已知，则累积入渗量方程可以直接将入渗方程对时间求积分得到。地表水流推进过程，即方程（7.1）的求解会容易很多。同时，土壤入渗性能的定量分析对其他很多研究也具有重要的意义。

Mao 等（2008）提出了方程（7.1）的高精度的数值算法。Philip 入渗模型、Kostiakov 入渗公式及其他修正模型对由线源测量方法计算得到的土壤入渗性能拟合结果很好，确定性系数均超过 0.95。得到的土壤入渗性能曲线很好地表达了土壤入渗的动力学过程。由线源测量方法得到的土壤初始很高的入渗性能是用来预测地表产流时刻及整个产流过程的非常重要的一部分。

本章在 Lewis 和 Milne 计算模型的基础上，提出了地表湿润面积与土壤入渗性能随时间变化的两个假定方程。在水量平衡的基础上，利用地表湿润面积与土壤入渗性能之间的关系，推导得出了土壤入渗性能的线源测量方法计算模型的解析解。将利用试验数据及数值方法计算得到的结果与解析解方程计算的结果进行对比，验证了土壤入渗性能的解析计算方法的正确性。通过水量平衡分析，得到解析解结果较数值解结果的试验误差小。这也同时证明了解析解的合理性和准确性。在此解析解的基础上，可以方便地得

到任一时刻的土壤入渗率,而且可以用方程来直接描述土壤累积入渗量以及相关参数。为以后的相关研究提供很多帮助。

7.1 理论背景

首先从土壤入渗性能的点源和线源入流测量方法中提出的数值解法开始。可忽略试验过程中的水分蒸发过程(试验持续 2 h 以内),基于水量平衡原理,某一时刻的供水流量等于该时刻土壤入渗率对湿润面积的积分。该积分方程为

$$q = \int_0^A i(A,t) \, dA \tag{7.2}$$

式中,q 为供水流量,mm^3/h;i 为入渗率,mm/h;A 为投影湿润面积,mm^2(即如果存在一定坡度 α,A 为水平投影面积)。

因土壤为均质土,假定土壤表面各处土壤入渗性能相同。因此不同位置处的土壤入渗性能遵循同样的入渗规律,但由于水流到达的时间不同,因此入渗开始时间不同。式(7.2)相应地转换为

$$q = \int_0^A i(t-\tau) \, dA(\tau) \tag{7.3}$$

式中,τ 为水流到达对应湿润面积的时间,h;t 为总入渗时间,h。

当供水流量为非减函数时,试验满足充分供水的条件,保证测量得到土壤本征入渗性能。

当流量恒定时,对式(7.3)求积分得到:

$$qt = \int_0^{A(t)} \int_0^t i(t-\tau) \, dt \, dA(\tau) = \int_0^{A(t)} I(t-\tau) \, dA(\tau) \tag{7.4}$$

式中,I 为累积入渗量,mm。

可忽略地表积水,式(7.4)与 Lewis 和 Milne(1938)提出的土壤入渗公式[式(7.5)]一致。

$$qt_x = \int_A^0 y(t_x - t_s) \, dA \tag{7.5}$$

式中,q 为供水流量;x 为地表薄层水流深度(可以忽略不计);s 为水流推进距离;t_x 与 t_s 分别为试验持续时间和水流推进时间,h;y 为累积入渗量。

Philip 与 Farrell(1964)利用拉普拉斯变换理论对式(7.5)进行了求解。求解过程中,必须对累积入渗量的具体形式进行假定,如 Horton 入渗方程(Horton,1939)、Kostiakov 入渗公式(Kostiakov,1932)以及 Philip 入渗模型。得到的解析解为特定条件下的解,并不是所谓的通用解析解。

Mao 等(2008)提出了式(7.2)的数值解,但是当时间步长取不等间隔时,计算会出现不稳定波动,影响了该计算模型的应用。

对于解决数值解在时间间隔上的限制,解析解的提出很有必要。以下内容提出了一种实用且准确的解析解法。对式(7.2)求导数得到:

$$\frac{dq}{dt} = \frac{d}{dt} \int_0^{A(T)} i[A(T),T] \, dA = \int_0^{A(T)} \frac{di[A(T),T]}{dt} \, dA + i[A(T),T] \frac{dA(T)}{dt} \tag{7.6}$$

式中，T 为某一入渗阶段的终止时间，h。

式（7.6）是对式（7.2）求解析解的基础方程。当给定公式流量为一恒定值时，式（7.6）可以简化为

$$\int_0^{A(T)} \frac{\mathrm{d}[iA(T),T]}{\mathrm{d}t} \mathrm{d}A + i[A(T),T]\frac{\mathrm{d}A(T)}{\mathrm{d}t} = 0 \tag{7.7}$$

当时间为零时，入渗过程没有开始，供水流量为零。当时间 $t = 0^+$ 时，土壤入渗性能为无穷大。因此时间为零对土壤入渗性能来说是一个非连续点。在本研究中，时刻零在解析解推导过程中并不考虑。

7.2 近似解析模型推导

7.2.1 解析模型 I

土壤入渗性能作为时间的函数是从地表湿润面积推导出的。在解析解 I 中，幂函数和自然数 e 为底的函数分别用来描述土壤入渗性能和地表湿润面积推进过程。具体方程表达式为

$$A = A_0 \left(1 - \mathrm{e}^{-B_0 t}\right) \tag{7.8}$$

$$i = C_t^{-B} + \frac{q}{A_0} \tag{7.9}$$

式中，A_0、B_0 为面积拟合方程参数；C、B 为土壤入渗性能方程中的参数；i 为入渗率，L/T；t 为时间，T。

式（7.8）中，指数为负数，即表示当时间趋于无穷大时，地表湿润面积趋于一稳定值 A_0。式（7.9）中的负指数，保证了当时间趋于无穷大时，土壤入渗率趋于其稳定入渗率 q/A_0。当时间趋于零时，土壤入渗率趋于无穷大。为了简化推导过程并保持方程有解，假定入渗时间从 0^+ 开始。

从式（7.1）可以看出，土壤入渗性能是时间、湿润面积的函数。地表上不同位置处，土壤入渗起始时间不同，因此在不同时刻地表上各点的土壤入渗率并不相同。在时间 t_1，水流到达面积 A_1 处，该处的入渗过程刚刚开始，此时的入渗率为初始很高的入渗率。经过一段时间后，水流到达 A_2，A_2 处的入渗过程刚刚开始，此时该处的土壤入渗率为初始很高的入渗率，A_1 处的入渗率已经降为相对较低的土壤入渗率 i_2。试验结束时，水流最后到达的位置处 $A(T)$ 仍具有最高的初始入渗率 $i(0)$。依此类推，在位置 $A(t)$ 处，土壤入渗率为 $i(T–t)$。将式（7.1），式（7.8）和式（7.9）合并，得

$$q = \int_{0^+}^{t} CA_0 B_0 (t-\tau)^{-B} \mathrm{e}^{-B_0 \tau} \mathrm{d}\tau + \int_{0^+}^{t} qB_0 \mathrm{e}^{-B_0 \tau} \mathrm{d}\tau \tag{7.10}$$

将第一个积分项中的 τ 用 $(t–T)$ 替代可得到以下公式：

$$q = -CA_0 B_0 \int_t^{0^+} T^{-B} \mathrm{e}^{-B_0(t-T)} \mathrm{d}T + qB_0 \int_{0^+}^{t} \mathrm{e}^{-B_0 \tau} \mathrm{d}\tau \tag{7.11}$$

式（7.11）中方程右边的第二个积分式可以直接求解得

$$q = CA_0 B_0 \mathrm{e}^{-B_0 t} \int_{0^+}^{t} T^{-B} \mathrm{e}^{B_0 T} \mathrm{d}T - q\mathrm{e}^{-B_0 t} + q \tag{7.12}$$

式（7.12）可以简化为

$$CA_0B_0\mathrm{e}^{-B_0t}\int_{0^+}^{t}T^{-B}\mathrm{e}^{B_0T}\mathrm{d}T - q\mathrm{e}^{-B_0t} = 0 \tag{7.13}$$

应用分部积分法对式（7.13）求解可以得

$$CA_0B_0\mathrm{e}^{-B_0t}\left[\frac{1}{B_0}\mathrm{e}^{B_0t}t^{-B}\bigg|_{0^+}^{t} + \frac{B}{B_0}\int_{0^+}^{t}T^{-B-1}\mathrm{e}^{B_0T}\mathrm{d}T\right] - q\mathrm{e}^{-B_0t} = 0 \tag{7.14}$$

或

$$CA_0t^{-B} - CA_0\mathrm{e}^{-B_0t}\left(0^+\right)^{-B} + CA_0B\mathrm{e}^{-B_0t}\int_{0^+}^{t}T^{-B-1}\mathrm{e}^{B_0T}\mathrm{d}T - q\mathrm{e}^{-B_0t} = 0 \tag{7.15}$$

如式（7.9）所示，当时间趋于零时，土壤入渗率趋于无穷大。为了实际应用上的方便，利用式（7.16）来近似代替时间趋于零时的土壤初始入渗率。

$$i\left(0^+\right) = C\left(0^+\right)^{-B} + \frac{q}{A_0} \tag{7.16}$$

将式（7.14）和式（7.15）合并可以得到：

$$Ct^{-B} - \mathrm{e}^{-B_0t}i\left(0^+\right) + CB\mathrm{e}^{-B_0t}\int_{0^+}^{t}T^{-B-1}\mathrm{e}^{B_0T}\mathrm{d}T = 0 \tag{7.17}$$

式（7.1）对时间的积分可以表达为式（7.6）和式（7.7）。式（7.7）中可以将 i 和 A 用式（7.8）和式（7.9）代替并展开如下（其中 q 是常数）：

$$\int_{0^+}^{t} -A_0B_0CB(t-\tau)^{-B-1}\mathrm{e}^{-B_0\tau}\mathrm{d}\tau + i\left(0^+\right) \times A_0B_0\mathrm{e}^{-B_0t} = 0 \tag{7.18}$$

将式中的 τ 替换为 $(t-T)$，式（7.18）可以变换为

$$CB\int_{0^+}^{t}T^{-B-1}\mathrm{e}^{B_0T}\mathrm{d}T + i(0^+) = 0 \tag{7.19}$$

最后，求解式（7.17）与式（7.19）组成的方程组，得到土壤入渗性能的表达式为

$$i = 2\mathrm{e}^{-B_0t}i\left(0^+\right) + \frac{q}{A_0} \tag{7.20}$$

与之前的描述一致，A_0、B_0 是湿润面积随时间变化曲线的拟合参数；q 为供水流量，在线源入流测量方法中为常数。$i\left(0^+\right)$ 计算过程见下文。

如式（7.20）所示，土壤入渗方程为底数是欧拉常数的幂指数函数。式中的常数项表示土壤的稳定入渗率。与式（7.9）相比，入渗方程的形式并不是完全与之一致。因此，在下面的推导中，将土壤入渗方程最初的形式改为底数为欧拉常数的幂指数函数。

7.2.2 解析模型 II

在解析解 I 中已经提到，在本解析解求解过程中，将土壤入渗方程直接设定为以欧拉常数为底的幂指数函数，具体方程如下：

$$A = A_0\left(1 - \mathrm{e}^{-B_0t}\right) \tag{7.21}$$

$$i = C\mathrm{e}^{-Bt} + \frac{q}{A_0} \tag{7.22}$$

地表湿润面积-时间的表达式以及土壤入渗方程中的指数均为负数，以保证最后面

积和土壤入渗率均趋于稳定值。式（7.22）中，当时间趋于零时，土壤初始入渗率为 ($C+q/A_0$)。基于之前的分析，土壤入渗过程是从时间 0^+ 开始的，时刻为零并不包括在内。

式（7.1）与式（7.21）和式（7.22）合并可以得到式（7.23）：

$$q = \int_{0^+}^{t} CA_0 B_0 e^{-B(t-\tau)} e^{-B_0\tau} d\tau + \int_{0^+}^{t} qB_0 e^{-B_0\tau} d\tau \tag{7.23}$$

式（7.23）中的积分可以计算如下：

$$q = \frac{CA_0 B_0 e^{-B_0 t}}{B - B_0} - \frac{CA_0 B_0 e^{-Bt}}{B - B_0} - q e^{-B_0 t} + q \tag{7.24}$$

将式（7.24）简化，得

$$\frac{CA_0 B_0 e^{-B_0 t}}{B - B_0} - \frac{CA_0 B_0 e^{-Bt}}{B - B_0} - q e^{-B_0 t} = 0 \tag{7.25}$$

将式（7.1）对时间求导并应用到最初假定的两个方程，式（7.21）和式（7.22）可以得

$$\int_{0^+}^{t} -A_0 B_0 CB e^{-B(t-\tau)} e^{-B_0\tau} d\tau + i(0^+) \times A_0 B_0 e^{-B_0 t} = 0 \tag{7.26}$$

式（7.26）可以推导给出：

$$-\frac{A_0 B_0 CB e^{-B_0 t}}{B - B_0} + A_0 B_0 CB e^{-Bt} + i(0^+) \times A_0 B_0 e^{-B_0 t} = 0 \tag{7.27}$$

式（7.25）与式（7.27）组成方程组：

$$\begin{cases} \dfrac{CA_0 B_0 e^{-B_0 t}}{B - B_0} - \dfrac{CA_0 B_0 e^{-Bt}}{B - B_0} - q e^{-B_0 t} = 0 \\ -\dfrac{A_0 B_0 CB e^{-B_0 t}}{B - B_0} + \dfrac{A_0 B_0 CB e^{-Bt}}{B - B_0} + i(0^+) \times A_0 B_0 e^{-B_0 t} = 0 \end{cases} \tag{7.28}$$

参数 B 和 C 可以从方程组中计算得

$$B = \frac{i(0^+) A_0 B_0}{q} \tag{7.29}$$

$$C = \frac{i(0^+)}{1 - e^{-(B+B_0)t}} - \frac{q}{A_0 \left(1 - e^{-(B+B_0)t}\right)} \tag{7.30}$$

土壤入渗方程最终可以表示为

$$i = \frac{i(0^+) A_0 - q}{A_0 \left(e^{Bt} - e^{-B_0 t}\right)} + \frac{q}{A_0} \tag{7.31}$$

指数 B 直接从式（7.29）中计算得到。如式（7.30）所示，参数 C 是时间的函数，在不同时刻，C 具有不同的数值。

初始入渗率计算过程如下：

在初始时刻 t_1，有

$$q = \int_0^{A_1} i \, dA \equiv \int_0^{A_1} \bar{i}(\xi) \, dA = \bar{i}(\xi) A_1 \quad (7.32)$$

式中，$\bar{i}(\xi)$ 为地表湿润面积 A_1 上的平均入渗率。

式（7.32）表明，存在某一时刻 ξ 或者湿润面积中的某一空间位置 $A(\xi)$ 可以使式（7.32）成立。

由式（7.32）可以得到：

$$\bar{i}(\xi) = \frac{1}{A_1} \int_0^{A_1} i \, dA \quad (7.33)$$

式（7.32）与式（7.33）表明 ξ 为入渗率在湿润面积范围内达到平均所需的时间，得到：

$$\bar{i}(\xi) = \frac{q}{A_1} \quad (7.34)$$

在很短的时间内，入渗曲线可以近似为线性方程。因此入渗率达到平均值所需时间可以由式（7.35）估计为

$$\xi = \frac{t_1}{2} \quad (7.35)$$

图 7.1 给出了土壤初始入渗率计算过程。

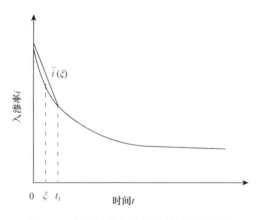

图 7.1　土壤初始入渗率计算过程示意图

点 $[\xi, \bar{i}(\xi)]$ 可以用来很好地估算土壤入渗曲线中的第一个点。同时，它还可以利用式（7.29）和式（7.31）来估算 $i(0^+)$ 及指数 B。

在解析解中，假定 ξ 为初始时间步长的一半，在这里为 2.5 min。通过式（7.34）计算得到的 $\bar{i}(\xi)$ 为 347.6 mm/h。在之后的研究中，将 $\bar{i}(\xi)$ 假定为土壤初始入渗率。

7.2.3　累积入渗量计算模型

基于土壤入渗率与累积入渗量之间的函数关系式（7.36），可以直接从上面推导出的土壤入渗方程中得到累积入渗的表达式：

$$I = \int_0^t i(t)dt \tag{7.36}$$

式中，I 为累积入渗量。

累积入渗量方程可以从上述两种入渗率解析解方程中推导出来。具体过程如下：

对解析解 I，土壤累积入渗量可以表示为

$$I = \int_0^t \left(2e^{-B_0 t} i(0) + \frac{q}{A_0} \right) dt \tag{7.37}$$

对上式求积分可以得到：

$$I = \frac{2i(0)}{B_0} \left(1 - e^{-B_0 t}\right) + \frac{q}{A_0} t \tag{7.38}$$

式（7.38）即为土壤累积入渗量从解析解 I 中推导出的表达式。

对解析解 II，土壤累积入渗量可以表示为

$$I = \int_0^t \left[\frac{i(0) A_0 - q}{A_0 \left(e^{Bt} - e^{-B_0 t} \right)} + \frac{q}{A_0} \right] dt \tag{7.39}$$

式（7.39）的解析解如下：

$$I = \frac{C}{B} \left(1 - e^{-Bt}\right) + \frac{q}{A_0} t \tag{7.40}$$

7.3 模型验证

土壤入渗性能的线源入流计算模型的数值解结果以及湿润面积推进过程如图 7.2 所示（以坡度 5°数据为例）。

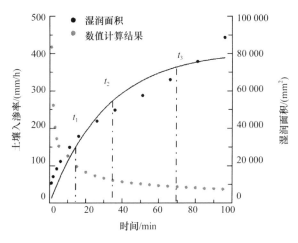

图 7.2 地表湿润面积及土壤入渗率随时间变化曲线

湿润面积变化过程拟合曲线方程如下：

$$A = 81582.0 \left(1 - e^{-0.032t}\right) \tag{7.41}$$

该方程与试验结果拟合很好，曲线拟合确定性系数为 $R^2 = 0.92$。式中，e 的系数为负数，表明当时间趋于无穷大时，地表湿润面积趋于 81 582 mm²。从该式中可以估计出土壤稳定入渗率为 50.3 mm/h。

线源入流测量方法与双环法比较，供水是充分的。线源入流数学计算模型的数值解，两种解析解以及同种土壤利用双环法测量得到的结果之间的比较如图 7.3 所示。

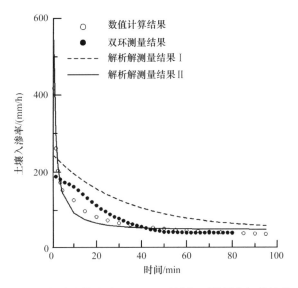

图 7.3　各种计算方法及双环入渗法得到结果之间的比较

从式（7.34）及式（7.36）计算得到的土壤累积入渗量如图 7.4 所示。

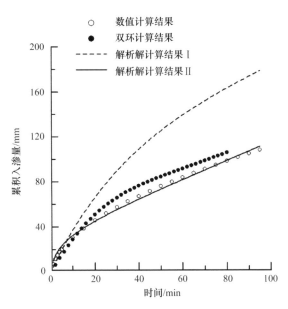

图 7.4　各种方法得到的累积入渗量的比较

如图 7.13 所示，用这三种方法计算得到的累积入渗量最初都增加得很快，随着时间的推进，增加的坡度越来越小，最后增加速度趋于稳定。解析解方法 II 计算得到的累积入渗量以及入渗率都与该计算模型的数值解结果很接近。与这两组结果相比,解析解Ⅰ得到的结果相对偏大。

试验相对误差的计算方法与土壤入渗性能的线源入流测量方法中介绍的类似。即利用水量平衡原理,比较总供水量与总入渗量之间的差别。总入渗量 Q_1 计算公式如下:

$$Q_1 = \int_0^A I dA \tag{7.42}$$

总供水量 Q_2 是通过马氏瓶上的刻度得到的,计算公式如下:

$$Q_2 = qT \tag{7.43}$$

试验误差计算公式为

$$\delta = \left|\frac{Q_2 - Q_1}{Q_2}\right| \times 100\% \tag{7.44}$$

通过上述推导得到的土壤入渗率方程以及累积入渗量表达式,求出的相应的试验相对误差见表7.1。

表 7.1 试验相对误差   单位:%

试验误差	重复1	重复2	重复3
数值解	14.8	8.43	7.21
解析解Ⅰ	79.1	64.7	76.2
解析解Ⅱ	6.79	3.31	12.4

如表7.1所示,解析解Ⅰ的相对误差高。从图7.3也可以看出,解析解Ⅰ得到的土壤入渗率与其他解法得到的入渗率相比,随时间降低的过程慢。这表明指数方程并不适合用来描述土壤入渗性能随时间的变化过程。解析解Ⅱ的试验误差比数值解的要低。这表明解析解Ⅱ更适合用来描述土壤入渗过程。

如上所述,传统的土壤入渗率测量方法测量不到土壤初始很高的入渗率,点源和线源入流测量方法克服了这一缺点,而本研究提出的解析解法可以更方便地利用方程描述这一过程。同时还可以直接得到土壤累积入渗量的表达式,为以后对土壤入渗过程的进一步研究奠定基础。

第8章 平均近似计算模型

土壤入渗性能线源入流测量方法的数学计算模型相对复杂。当采用数值近似计算时，若选取的时间步长与水流推进过程不协调，计算得到的入渗率可能产生不规则的波动甚至可能出现负值，导致测量/计算过程失败。

本章的研究目的是：①提供一种适合于线源入流测量土壤入渗性能方法的快捷、便利的近似计算方法，用于在测量过程中实时计算土壤的入渗性能；②采用实际测量结果估算土壤入渗性能，说明计算方法、过程的合理性；③误差分析，并与数值计算方法得到的结果对比，说明计算方法的精度或误差。

8.1 近似模型方法

为了在测量过程中实时、稳定地计算土壤的入渗性能，做出以下假定：

土壤为均质土壤，即在试验过程中入流水流湿润范围内各处的土壤性质相同，各空间点上的土壤具有相同的入渗性能。

根据近似计算的要求，湿润范围内各空间点上在给定的时刻具有同样的入渗率，即在不同空间点上土壤的入渗率与水流到达各点的时间无关。

设测量时向地表供给流量恒定的线源水流。在恒定流量的水流作用下，由于土壤入渗性能随时间逐渐降低，地表湿润面积随时间推移不断增大。

设任意时刻 t，在地表的湿润面积内，各点的入渗过程因水流到达时间的不同而各不相同。根据毛丽丽（2005）给出的结果，任意时刻由水量平衡原理有

$$q = \int_0^A i(A,t)\,\mathrm{d}A \tag{8.1}$$

式中，q 为给定的供水流量，mm^3/h；i 为土壤入渗率，mm/h；A 为水流在地表的湿润面积，mm^2；t 为时间，h。

式（8.1）可近似变换为

$$i_n = \frac{q - \sum_{j=1}^{n-1} i_j \Delta A_{n-j+1}}{\Delta A_1} \tag{8.2}$$

式中，ΔA_i（$j = 1, 2, \cdots, n$）为第 j 时段内地表土壤湿润面积的增量，mm^2。

测量计算过程中，当 $\sum_{j=1}^{n-1} i_j \Delta A_{n-j+1} \geq q$ 时，由式（8.2）计算得到的 i 小于或等于0，测量/计算失效。

根据前面提出的近似计算/测量方法的假设，任意时刻有

$$i(A,t) = \bar{i}(t) \tag{8.3}$$

式中，$\bar{i}(t)$ 为 t 时刻土壤的平均入渗性能，mm/h。

由于该值与湿润面积无关，将其代入式（8.1）得

$$q = \bar{i}(t)A(t) \tag{8.4}$$

由式（8.4）得出：

$$\bar{i}(t) = \frac{q}{A(t)} \tag{8.5}$$

应用式（8.5），可以很方便地根据测量得到的线源水流在地表的湿润面积，实时计算得出土壤入渗性能随时间变化的过程。

特别地，当湿润面积不再增大时，入渗过程达到稳定，此时有

$$\bar{i}(t) = i_f = \frac{q}{A(t)} = \frac{q}{A_f} \tag{8.6}$$

式中，i_f 为土壤的稳定入渗率，mm/h；A_f 为给定流量的水流在土壤入渗性能达到稳定时地表土壤湿润的面积，mm^2。

8.2 试验数据验证

采用室内试验方法，试验所用土壤为砂壤土，其中砂粒（2～0.05 mm）占 54.9%，粉粒（0.05～0.002 mm）占 29.5%，黏粒（<0.002 mm）占 15.6%。试验的具体步骤和过程以及试验所用到的相关的试验仪器在雷廷武等（2007）的论文中有详细的描述。图 8.1 为给定流量（q=4.1 L/h）的水流在地表湿润的面积随时间变化的过程。试验得到的地表湿润面积随时间的变化过程可以很好地用幂函数表达为

$$A = mt^n \tag{8.7}$$

式（8.7）拟合得到的结果及 3 次试验得到的湿润面积随时间的变化过程如表 8.1 和图 8.1 所示。

表 8.1 面积拟合方程参数

试验	流量 q/（L/h）	m	n	R^2
重复 1	4.82	18 048	0.407	0.996
重复 2	4.43	12 833	0.449	0.998
重复 3	4.42	14 992	0.415	0.998
平均值	4.56	15 298	0.422	0.9995

图 8.1 所示为 3 次试验中测量得到的湿润面积随时间的变化过程与式（8.7）的拟合结果曲线。由图 8.1 可以看出，湿润面积随时间变化的过程可以很好地用幂函数式（8.7）来描述。

相应地，由式（8.5）和试验数据计算得到的土壤入渗性能结果为

$$\bar{i} = \frac{4.82 \times 10^6}{18\,048} t^{-0.407} \tag{8.8a}$$

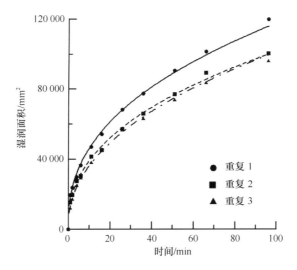

图 8.1 试验得到的湿润面积随时间的推进过程

$$\bar{i} = \frac{4.43 \times 10^6}{12\,833} t^{-0.449} \tag{8.8b}$$

$$\bar{i} = \frac{4.42 \times 10^6}{14\,992} t^{-0.415} \tag{8.8c}$$

采用近似算法和数值方法,得到 3 组试验的土壤入渗性能计算结果(图 8.2)。

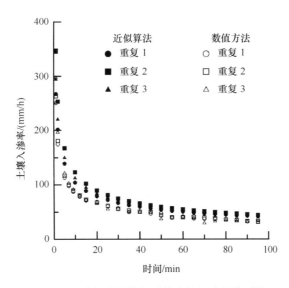

图 8.2 两种方法计算得到的土壤入渗性能对比

由图 8.2 可知,5 分钟之后,近似算法得到的土壤入渗性能总是大于由数值计算方法得到的入渗性能,但其趋势与数值计算的结果很相似。结果表明,近似计算得到的结果可以作为数值计算结果的参照值。由其他方法计算的入渗性能应小于该值。因此,如果在测量过程中出现大于该近似算法得到的入渗性能的情况,则计算结果是错误的。图 8.2 还表明,近似计算得到的土壤入渗性能在测量后期与解析计算结果很接近。原因是测量后期,所有湿润部位土壤的入渗性能均趋于稳定入渗性能,地表湿润面积随时间变化增大的过程也趋于稳定,土壤入渗性能在空间上的分布很接近近似算法中的假定状态,因此由近似算法得到的入渗率与数值方法计算得到的入渗率很接近。这表明,近似计算方法能得到较为准确的土壤稳定入渗性能。由图 8.2 还可以看出,初始时数值计算结果与近似计算结果一致,这是由于两种方法估计初始入渗率的方法相同所致。

将两种方法计算的土壤入渗性能曲线进行对比,并与 1∶1 的直线进行比较,结果如图 8.3 所示。

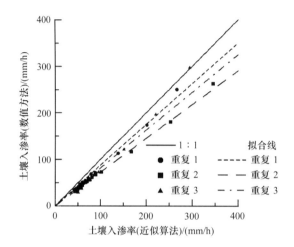

图 8.3　近似算法与数值方法比较及拟合线

图 8.3 中 3 组数据的拟合线参数及相应的确定性系数列于表 8.2 中。

表 8.2　数据比较拟合结果

试验	拟合方程	确定系数 R^2
重复 1	$y=0.876x$	0.996
重复 2	$y=0.741x$	0.999
重复 3	$y=0.891x$	0.985

如表 8.2 所示,3 组试验数据的拟合方程中,斜率均小于 1,拟合直线均位于 1∶1 直线的下侧。这说明横轴的数据均比纵轴的数据大,即近似算法得到的土壤入渗率均比数值方法计算得到的土壤入渗率大。图 8.3 和表 8.2 进一步验证了以上分析。这里提出的近似算法得到的土壤入渗性能,尽管精度有一定的降低,但由于趋势很稳定,可以作为试验过程中的标准参照,并能够在试验过程中实时得到土壤的近似入渗性能。

对近似算法和数值方法得到的土壤入渗率分别进行还原,估计出土壤的累积入渗量随时间变化的过程。将该累积入渗量与试验过程中马氏瓶的累积供水量进行对比,结果见图 8.4。

从图 8.4 可以看出,以供水量作为标准,数值方法计算得到的累积入渗量精度高,3 个重复得到的结果均与 1∶1 的直线很接近。由近似算法得到的累积入渗量明显高于试验过程中的实际供水量。这符合该近似算法所做的假定会导致估计的入渗性能结果偏大的分析。图 8.4 中的黑色虚线与黑色点画线分别为数值方法和近似算法得到的 3 组累积入渗水量平均值的拟合线。拟合的具体结果见表 8.3。拟合结果（$y=1.253\ x$）表明，利用近似算法得到的入渗性能计算出的累积入渗水量较实际供水量偏大 25.3%。该误差可能会因不同的土壤入渗性能不同而有异。

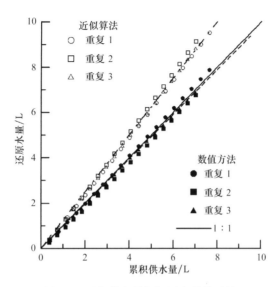

图 8.4　累积供水量与还原水量的对比

表 8.3　累积入渗量与供水量拟合结果

计算方法	拟合方程	确定系数 R^2
数值方法	$y=0.986\ x$	0.999 8
近似算法	$y=1.253\ x$	0.999 7

从表 8.3 中可以看出，得到的拟合方程进一步验证了对数值方法和近似算法的分析，而且所得的还原水量与累积供水量之间具有很好的线性关系，确定性系数接近于 1。

8.3　计算结果合理性分析与结论

土壤入渗性能数值计算方法中，当时间步长取值不当时，可能在数值计算过程中得不到理想的测量结果。计算方法说明如下。

当测量进行到第 K 步时，如果有

$$q \leqslant \sum_{j=1}^{K} i_j \Delta A_{n-j+1} \quad (8.9)$$

则由式（8.2）计算得到的入渗率就会小于或等于 0。小于 0 的入渗率的出现不仅在物理概念及测量结果上是错误的，同时还会导致后续计算结果的错误并导致测量过程不能继续。产生这一问题的原因之一是由于用数值方法得到的初始土壤入渗性能的估计值为估计时段末期的值时，其值比实际值偏大。这就导致后续计算的入渗性能值总是小于真实值。

从上述讨论可知，由数值计算得到的结果总是小于土壤的实际入渗性能，而与近似计算结果在入渗性能趋于稳定时的计算结果相似，均正确地给出了土壤的稳定入渗性能。这是因为，近似计算方法由式（8.6）得到的稳定入渗性能代表了土壤入渗过程的概念。而数值计算得到的结果可能由于初始值选取的原因而在后期计算得到的稳定入渗性能偏低于真实值（图8.5）。

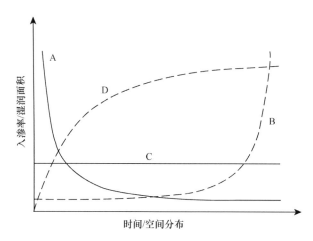

图 8.5　土壤入渗性能近似计算结果示意图

在图 8.5 中，黑实线（A）表示土壤入渗性能曲线随时间变化的过程；黑虚线（B）表示某一时刻土壤入渗率在地表上的空间分布；灰实线（C）表示该时刻利用近似计算方法计算得到的该湿润面积上的平均土壤入渗率；灰虚线（D）表示地表湿润面积随时间变化的曲线。图 8.5 中，B 和 C 两条曲线与 X 轴围成的面积相同，即在一定时刻，入渗的总水流通量相同，为线源水流的流量。图 8.5 可以用来说明近似算法得到的入渗性能高于数值解法求得的结果的原因。由湿润面上得到的平均值（C 线）所代表的 t 时刻土壤的入渗性能，总是高于该时刻的入渗性能值（B）线的左端点的值。这种差别随着时间的推移以及土壤入渗性能接近其稳定值而逐步降低，直至达到土壤入渗性能的稳定值时趋于 0。

第 9 章 耕层-犁底层土壤入渗连续测量方法

铧式犁耕作是国际国内使用广泛且历史悠久的耕作方式。农田土壤经过较长期的农耕活动后，在垂直方向上会形成层状结构：表层土壤有机质含量较高、结构疏松、孔隙较大；地表以下一定深度的土壤由于长期受到犁耕压实等的作用，形成一层比较坚硬、结构较密实、孔隙较小的土层，通常称为犁底层。犁底层下的土壤为未经扰动的芯土。铧式犁耕作形成的犁底层的土壤具有较耕层更致密的土壤结构、更大的容重和更低的土壤入渗性能，影响农耕地的降雨入渗产流和水文过程。本章提出一种新的方法，用于在野外直接测量铧式犁耕作农田的土壤入渗性能过程曲线，包括耕作层和犁底层土壤入渗性能曲线。给出了测量系统的构成。测量方法采用恒定流量向地表供水，在测量的初始阶段，由恒定流量到的供水在地表湿润面积随时间变化的过程估计地表耕层土壤的初始入渗性能；由积水产流后供水流量与产流流量之差计算较为稳定的土壤入渗性能，由产流流量稳定时供水流量和产流流量的差值确定犁底层土壤入渗性能。给出了相应的计算模型。用试验数据说明了试验装置的使用方法、实验过程和计算方法。测量得到了耕层土壤和犁底层土壤的入渗性能随时间变化的过程。农田表层土壤的透水性能对于了解铧式犁耕作对土壤水力性能的影响、指导农地耕作方式决策和农田灌溉以及合理指导与改善地区农业生态环境具有重要意义。

9.1 设备与材料

测量系统构成如图 9.1 所示。测量系统由供水装置、点源布水器、测量区域控制环、数码照相机、电子秤和测控计算软硬件组成。

（1）马氏瓶为恒定流量供水装置，尺寸为内径 14 cm，高 80 cm，通过马氏瓶进气口与供水管出水口的高差来调节和控制恒定的供水流量，用于向测量地表供水。

（2）点源布水器由导水管和布水棉组成，水流由供水马氏瓶经由导水管、布水棉实现点源供水。进入布水棉内的水流一方面可进入其下方的土壤用于土壤入渗，另一方面水可以侧向运动，实现点源均匀布水。

（3）入渗控制环为直径 20 cm 的连通的圆环，高 25 cm，距底部 20 cm 处设计排水管，环底部边缘做成刃口，以便野外试验时直接将环砸入土中。本试验为模拟试验，将环底部设置为透水边界。

（4）相机采用可控工业数码相机，最大变焦倍数为 4 倍，分辨率为 400 万像素，光照系统采用含白光较多的日光灯。数码相机用于记录供给到水流在地表湿润面积随时间变化的过程，用于估算根层土壤初始较高的入渗性能。

（5）两个电子秤测得的数据分别用来计算供水流量和排水流量，计算供水量的电子秤精确到 1 g，计算排水量电子秤精确到 0.1 g。

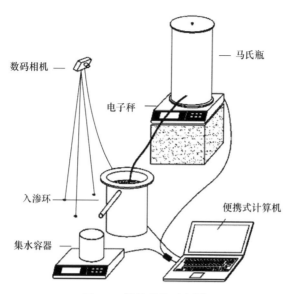

图 9.1 测量系统示意图

供试土壤来自杨凌,土壤颗粒分析见表 9.1。耕层土壤为风干土,犁底层土壤含水率为 20%,约为田间持水量的 60 %。试验时模拟农耕地土壤层状结构实际情况,按耕层土壤容重为 1.3 g/cm³ 装土。犁底层土壤容重根据田间测量结果,装土干容重为 1.56 g/cm³。

表 9.1 土壤颗粒组成分析

土壤颗粒	占比/%
黏粒（<0.002mm）	31.8
粉粒（0.002~0.05mm）	62.8
砂粒（0.05~1mm）	5.4

9.2 测量原理

9.2.1 耕作层地表入渗阶段

当用一定流量向地表供水时时,由于初始土壤入渗能力大,一定流量的供水水流湿润的面积较小。随着时间的推移和土壤入渗性能的降低,给定流量的水流湿润的面积不断扩大,即水流在地表随着时间推移而向前推进。水流在地表湿润面积随时间变化的过程完全由土壤的入渗能力控制,因此可以依此计算土壤的入渗性能。水流在地表湿润面积的增大的过程至环内地表土壤完全湿润为止。经过一段时间之后,供入入渗环的水一部分在环内土壤表面入渗,一部分水经由溢流口流出入渗环。出流流量完全由土壤的入渗性能确定,因此也可以依此计算土壤的入渗性能。随着入渗过程的推进,土壤的入渗性能不断降低,相应地,出流流量不断增大。最终受犁底层土壤入渗性能的影响,入渗环内耕层的所有土壤达到饱和,土壤入渗过程转为由犁底层入渗能力的控制,由出水口出流的水流量显著增加并在一段时间后达到稳定。

入渗过程由地表湿润面积随时间变化的过程和出流水量随时间变化的过程估算:

$$q' = \int_0^A i(A(\tau), t-\tau)\cos\alpha \mathrm{d}A + q_0 \tag{9.1}$$

式中，q' 为供水流量，$\mathrm{mm^3/h}$；i 为土壤入渗率，$\mathrm{mm/h}$；α 为地表坡度，（°）；A 为随时间变化的地表湿润面积，$\mathrm{mm^2}$；t、τ 为时间，h；q_0 为由入渗环流出的水流流量，$\mathrm{mm^3/h}$。

式（9.1）为统一的计算公式，可以用于计算耕层土壤入渗性能随时间变化的过程和犁底层的土壤入渗过程。

当入渗进行到溢流口有水流排出时（$q_0 \neq 0$），入渗性能计算公式如下：

$$q = q' - q_0 = \int_0^A i(A(\tau), t-\tau)\cos\alpha \mathrm{d}A \tag{9.2}$$

式中，q 为净入渗流量，$\mathrm{mm^3/h}$。

式（9.2）表明，供水流量扣除出流流量［由式（9.2）左侧计算确定］，得到土壤实际入渗的水流流量，并且土壤的入渗过程在空间不同位置是随时间变化的，如式（9.2）所示。该式表示了入渗过程中的水流流量守恒规律。

耕层地表土壤入渗阶段为试验开始到地表完全湿润的阶段，此阶段没有出流水量，供水流量即为净供水流量。式（9.2）简化为

$$q' = \int_0^A i(A(\tau), t-\tau)\cos\alpha \mathrm{d}A \tag{9.3}$$

尽管式（9.3）具有简单的形式，但却很难得到完全解析解（Mao et al., 2008）。式（9.3）的数值近似解计算过程：设不同测量时段 Δt_1，Δt_2，$\cdots$，Δt_n 内地表湿润面积的增量为 ΔA_1，ΔA_2，$\cdots$，ΔA_n，所对应的水平投影面积为 $\Delta A_1 \cos\alpha$，$\Delta A_2 \cos\alpha$，$\cdots$，$\Delta A_n \cos\alpha$，各时刻式（9.3）右侧积分的数值计算过程为

t_1 时刻水量平衡：

$$q' = i_1 \Delta A_1 \cos\alpha$$

t_2 时刻水量平衡：

$$q' = i_2 \Delta A_1 \cos\alpha + i_1 \Delta A_2 \cos\alpha \tag{9.4}$$

t_3 时刻水量平衡：

$$q' = i_3 \Delta A_1 \cos\alpha + i_2 \Delta A_2 \cos\alpha + i_1 \Delta A_3 \cos\alpha$$

t_n 时刻水量平衡：

$$q' = i_n \Delta A_1 \cos\alpha + i_{n-1} \Delta A_2 \cos\alpha + \cdots + i_1 \Delta A_n \cos\alpha \tag{9.5}$$

由式（9.4）、式（9.5）计算得到 t_1 时刻的入渗率后，可由式（9.4）逐步计算得到不同时刻的入渗率为

$$i_n = \frac{q' - \sum_{j=1}^{n-1} i_{n-j} \Delta A_{j+1} \cos\alpha}{\Delta A_1 \cos\alpha} \quad (n=2, 3, \cdots) \tag{9.6}$$

式中，i_{n-j} 为（$n-j$）时刻的土壤入渗率，也代表第（$n-j$）时段的平均入渗率，$\mathrm{mm/h}$；ΔA_{j+1} 为第（$j+1$）时间段内水流在地表的湿润面积增加的量，$\mathrm{mm^2}$；i_n 为 t_n 时刻的土壤入渗率，也代表第 n 时段的平均入渗率，$\mathrm{mm/h}$；ΔA_n 为时段（$t_n - t_{n-1}$）地表湿润面积的增量，$\mathrm{mm^2}$。

在测量中，由于数值算法有可能产生不稳定的情况，可采用平均近似算法（Mao et al., 2010）计算土壤入渗性能作为对照。平均算法的计算公式为

$$\bar{i}(t) = \frac{q'}{A(t)} \tag{9.7}$$

式中，$\bar{i}(t)$ 为整个湿润面积上的平均土壤入渗率（是时间的函数而不是随空间变化的），mm/h；q' 为供水流量，mm³/h；$A(t)$ 为地表湿润面积（是时间的函数），mm²。

9.2.2 耕层入渗过渡阶段

当入渗进行到一定时间时，环内地表完全被湿润。经过一段时间之后，供入入渗环的水一部分在环内土壤表面入渗，一部分水开始由溢流口流出入渗环。入渗环出流口附近具有最大的入渗率，而水源附近的入渗率已经降低到一定的程度。

产流后的入渗环内的入渗率变化过程仍可以由水量平衡计算。此时在犁底层土壤入渗忽略不计时的水流量平衡仍由式（9.2）或其对应的式（9.6）确定。由式（9.6）有

$$i_n = \frac{q' - q_0 - \sum_{j=1}^{M-1} i_{n-j} \Delta A_{j+1} \cos\alpha}{\Delta A_1 \cos\alpha} \tag{9.8}$$

式中，M 为产流前计算得到的入渗性能的个数。

该过渡阶段一直持续到入渗环内耕层所有土壤均达到饱和，此时由入渗环流出的水流量可能突然增大。从开始入渗到产流突然增大（环内全部饱和）发生的时刻可以估计，如式（9.9）：

$$T \geqslant \frac{V(\theta_s - \bar{\theta}_i)}{q'} = \frac{A_0 h(\theta_s - \bar{\theta}_i)}{q'} \tag{9.9}$$

式中，T 为有入渗开始到环内土壤完全饱和所需的时间，h；V 为犁底层内土壤的体积，mm³；θ_s 和 $\bar{\theta}_i$ 分别为饱和含水量和耕层内土壤的平均初始含水量，%；A_0 为入渗环的面积，mm²；h 为犁底层的深度，mm；q' 为供水流量，mm³/h。

当耕层土壤饱和后土壤入渗变慢，入渗转入由犁底层控制的土壤入渗过程时，入渗具有较低和较稳定的值。

9.2.3 犁底层土壤入渗阶段

当试验进行一段时间时，受犁底层土壤入渗率较低的影响，圆环内犁底层上方的土壤全部饱和，由环内流出的水量（q_0）显著增大，而环内各处的入渗率相等。此时土壤的入渗性能完全由犁底层控制，入渗性能在环内各处相等，计算由此变得比较简单。此时，在式（9.2）的积分中，入渗率为常数，入渗表面的面积也为常数，从而式（9.2）化简为

$$q(t) = i_b \Delta A_0 \cos\alpha \tag{9.10}$$

式中，i_b 为犁底层的入渗率，mm/h；A_0 为入渗环的面积，mm²；$q(t)$ 为净入渗水流通量，mm³/h。

$q(t)$ 由式（9.11）确定：

$$q(t) = q' - q_0 \tag{9.11}$$

式中，q' 为马氏瓶供给的水流流量，mm^3/h；q_0 为由入渗环溢流口出流的水流流量，mm^3/h。

计算犁底层土壤入渗性能的公式为：

$$i_{bi} = \frac{q}{A_0} = \frac{q' - (Q_i - Q_{i-1})/\Delta t_i}{A_0} \tag{9.12}$$

式中，i_{bi} 为 t_i 时刻犁底层的入渗率，mm/h；q 为净入渗水流流量，mm^3/h；A_0 为入渗环的面积，mm^2；Q_i 和 Q_{i-1} 分别为第 i 和第 $i-1$ 时刻由出流口收集到的出流水的总体积，mm^3；Δt_i 为时间步长，h。

9.3 测量步骤

在环内装土，犁底层 5 cm，耕作层 15 cm。调节供水马氏瓶进气口与出水口的距离，试验开始前标定系统的供水流量 q' 达到设计值。将点源布水器置于圆环内土壤表面的最上方。将调节好流量的供水管出水口置于布水器上方开始试验，并立即记录试验开始的时刻。

按照设定时间间隔用数码照相机记录给定时刻水流在圆环内湿润的地表图像，用于计算不同时刻地表湿润面积随时间变化的过程。由湿润面积推进过程计算土壤入渗性能降低的过程。计算公式为式（9.6）。

时段内的面积增量：

$$\Delta A_i = A_i - A_{i-1} \tag{9.13}$$

式中，A_i 和 A_{i-1} 分别为 i 和 $i-1$ 时刻测量得到的地表湿润面积，mm^2；ΔA_i 为时段内湿润面积的增量，mm^2。

当入渗进行到一定时间时，环内地表完全被湿润。经过一段时间之后，供入入渗环的水一部分在环内土壤表面入渗，一部分水开始由溢流口流出入渗环。此时开始记录出流的水量，并计算得到时段内净出流水流流量和净入渗水流流量。

时段内的净入渗水流流量：

$$q = q' - Q_0 / \Delta t \tag{9.14}$$

式中，Q_0 为时段内出流的水量，mm^3。

当出流的水流量明显增加到一个相对稳定值时，表明湿润受到犁底层的影响，继续试验一段时间，当时段出流量稳定时，测量过程完成，并由式（9.12）计算得到稳定的犁底层入渗率。由此得到了铧式犁耕作农地完整的入渗过程曲线。

9.4 结果与讨论

9.4.1 耕层土壤测量结果讨论

试验中地表土壤面积随时间推进的过程如图 9.2 所示。入渗过程初期地表湿润面积推进速度很快，后期逐渐变缓，最终趋于稳定。

将试验数据用方程（9.15）进行拟合。

$$A = a(1 - e^{-bt}) \tag{9.15}$$

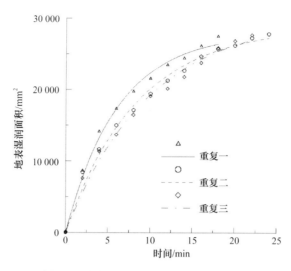

图 9.2 地表湿润面积随时间变化的曲线

从图 9.2 可以看出方程（9.15）很好地描述了试验结果，拟合方程的参数及确定性系数见表 9.2。

表 9.2 拟合参数及确定系数

试验	a	b	R^2
重复一	27 947.13	0.161 8	0.994
重复二	28 956.62	0.119 0	0.990
重复三	30 245.35	0.101 7	0.987

从表 9.2 可看出，3 个重复试验数据的拟合确定系数均在 0.985 以上，表明该拟合方程很好地描述了试验中地表湿润面积随时间变化的规律。

利用测量原理中提出的数值计算方法对耕层土壤入渗性能进行计算，得到的土壤入渗性能随时间的变化过程及拟合曲线（图 9.3）。

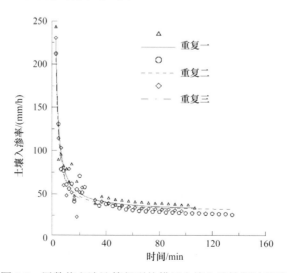

图 9.3 用数值方法计算得到的耕层土壤入渗性能过程线

从图 9.3 中可以看出，当耕层入渗过程采用数值算法时，得到的入渗率产生了不规则的波动，这是数值计算方法的原理所致，与选取的时间步长和湿润面积增加过程不协调有关，从而出现计算不稳定。另外，数值方法得到的初始土壤入渗性能的估计值为估计时段末期的值时，其值比实际值偏大，从而对后续计算产生影响，使计算得到的值总是小于真实值。

将地表入渗试验数据用平均近似算法计算得到的土壤入渗性能曲线得到的土壤入渗性能随时间变化的过程及拟合曲线见图 9.4。

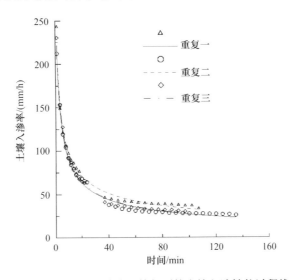

图 9.4 用平均近似算法计算得到的土壤入渗性能过程线

由图 9.4 可以看出，用平均近似方法计算得到的结果比用数值方法计算得到的结果稳定，没有出现不规律波动。

土壤入渗公式或模型本身是不能用来确定特定条件下的土壤入渗性能的。只有当土壤入渗性能经由测量方法测量出之后，才可以利用已提出的土壤入渗公式或模型进行表达。本研究中利用现在广泛使用的入渗模型对测量得到的结果进行拟合，得到模型参数并进行比较。这些入渗模型包括 Philip 入渗模型、Horton 入渗模型、Kostiakov 入渗模型、Kostiakov 修正模型（KM-30，稳定入渗率取为 30 mm/h）。模型拟合参数及确定性系数见表 9.3。

表 9.3 土壤入渗性能的模型拟合结果

	模型	入渗公式	重复一		重复二		重复三	
			拟合参数	确定系数	拟合参数	确定系数	拟合参数	确定系数
数值方法结果拟合	Philip	$i=K+A_0 t^{-0.5}$	$K=3.572$ $A_0=262.61$	0.847	$K=-1.751$ $A_0=257.44$	0.921	$K=-6.708$ $A_0=272.37$	0.853
	Horton	$i=a+be^{-nt}$	$a=46.304$ $b=423.61$ $n=0.413$	0.875	$a=34.368$ $b=270.39$ $n=0.238$	0.913	$a=38.478$ $b=349.88$ $n=0.320$	0.931
	Kostiakov	$i=At^B$	$A=286.23$ $B=-0.523$	0.846	$A=280.83$ $B=-0.555$	0.929	$A=316.65$ $B=-0.623$	0.881
	KM-30	$i=K_s+At^B$	$A=390.14$ $B=-0.977$	0.932	$A=377.40$ $B=-1.030$	0.960	$A=436.24$ $B=-1.130$	0.955

续表

模型		入渗公式	重复一		重复二		重复三	
			拟合参数	确定系数	拟合参数	确定系数	拟合参数	确定系数
近似算法结果拟合	Philip	$i=K+A_0 t^{-0.5}$	$K=1.661$ $A_0=322.82$	0.986	$K=4.243$ $A_0=307.64$	0.994	$K=7.454$ $A_0=327.76$	0.996
	Horton	$i=a+be^{-nt}$	$a=40.904$ $b=235.79$ $n=0.143$	0.952	$a=30.209$ $b=194.26$ $n=0.100$	0.966	$a=36.061$ $b=223.55$ $n=0.128$	0.968
	Kostiakov	$i=At^B$	$A=331.90$ $B=0.523$	0.988	$A=310.81$ $B=0.528$	0.994	$A=335.41$ $B=0.551$	0.998
	KM-30	$i=K_s+At^B$	$A=370.47$ $B=0.786$	0.987	$A=347.73$ $B=0.817$	0.944	$A=368.32$ $B=0.812$	0.974

从表 9.3 中的拟合结果看，各入渗模型对测量结果的拟合结果都很好，都可以用来描述该条件下土壤入渗过程。

9.4.2 耕层与犁底层连续测量结果

整个试验过程（耕作层入渗过程和犁底层入渗过程）的入渗性能随时间变化的过程如图 9.5 所示。

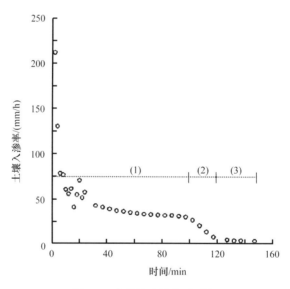

图 9.5 农耕地土壤入渗过程

图 9.5 所示为铧式犁耕作农地完整的入渗过程曲线。该曲线可分为 3 段，完整描述了耕作层和犁底层的入渗特性：

（1）耕层入渗阶段。试验开始时，土壤入渗率很高，之后随时间变化逐渐降低，渐渐趋于一个稳定值。这一段曲线表示的是耕作层的土壤入渗性能曲线，也就是土壤入渗性能还没有受到犁底层影响的情况下上层土壤的入渗特性。该曲线的稳定值即为耕层土壤的稳定入渗率。

（2）过渡阶段。该阶段为耕层土壤的稳定入渗率持续一段时间后，出现的一个快速下降直至入渗受犁底层控制的阶段。这是由于土壤当试验进行一段时间后，在耕层土壤还没有完全饱和的情况下受犁底层土壤入渗率较低的影响，导致土壤的入渗率呈现急速降低的状况。该过程持续到耕层土壤完全饱和为止。

（3）犁底层入渗阶段。该阶段为过渡阶段入渗率快递下降后入渗率趋于稳定的阶段。也就是耕层土壤完全饱和，入渗性能完全由犁底层控制的阶段。测量得到的稳定值即为犁底层的入渗率。

在犁底层上方土壤饱和之后测得的犁底层稳定入渗率见表9.4。

表9.4 犁底层稳定入渗率

试验	入渗率/（mm/h）
重复1	4.16
重复2	7.62
重复3	12.27

由表9.4可见，测得的犁底层入渗率很低，与室内模拟犁底层入渗试验所得到的结果一致。由此可见，犁底层的对耕地的入渗特性影响很大，了解表土层的土壤入渗特性对于指导农地合理耕作方式及农田灌溉以及减少耕地水土流失具有重要的意义。

9.5 误差分析

耕层入渗性能可采用水量平衡原理进行相对误差分析。具体为通过比较试验总供水量和由土壤入渗性能曲线回归得到的累积入渗量，即可计算得到试验的相对误差，其计算公式如下：

总入渗量为

$$Q_1 = \int_0^A \left(\int_0^T i(t, A) \mathrm{d}t \right) \mathrm{d}A \tag{9.16}$$

累积入渗量 $I(A)$ 是坡面位置的函数，单位为 m^3/m^2 或 mm。

$$I(A) = \int_0^T i(t, A) \mathrm{d}t \tag{9.17}$$

马氏瓶的总供水量由试验中马氏瓶的读数测得或由下式求出：

$$Q_2 = qT \tag{9.18}$$

式中，q 为马氏瓶的供水流量，L/h 或 mm/min；T 为总入渗时间，h 或 min。

试验误差为

$$\delta = \left| \frac{Q_2 - Q_1}{Q_2} \right| \times 100\% \tag{9.19}$$

估计得到的相对误差见表 9.5。可以看出，根据数值方法得到的结果所计算得到的相对误差小于 10 %，证明该测量方法得到的耕作层入渗率测量结果具有较高的精度。平均近似方法所计算得到的相对误差小于 35%，比数值方法计算得到的相对误差大，这也说明平均近似方法计算的土壤入渗性能普遍要大于真实值，该方法虽然精度低于数值方法,但其计算稳定,可作为数值方法计算结果的参照值。

表 9.5　累积入渗量相对误差

试验	数值方法/%	平均近似方法/%
重复 1	8.10	14.0
重复 2	6.84	27.4
重复 3	2.32	32.8

第10章 点源和线源自动测量系统

10.1 自动测量系统构成

在恒定流量供水条件下，土壤入渗性能随时间变化的过程与地表湿润面积增加的过程紧密相关。该土壤入渗性能自动测量系统可以自动地获取、分析、估算线源入流试验中地表的湿润面积，根据地表湿润面积与土壤入渗性能之间的相互关系，建立相应的数值数学模型及近似计算模型。自动测量系统可以根据测量得到的地表湿润面积和计算模型自动估算出土壤入渗性能随时间变化的完整的过程线，尤其是土壤初始很高的土壤入渗性能。图像处理过程中采用综合失真误差矫正方法，使土壤湿润面积测量结果精度高，从而使土壤入渗过程曲线准确、可靠。该自动测量系统实现了在土壤入渗测量过程中的完全自动化控制，通过室内试验数据验证了测量系统和方法的精度。整个测量过程中，需水量非常少。该自动测量系统可以为土壤入渗性能测量研究对应的地表产流、土壤侵蚀等相关方面的研究提供有效、省时、省力、准确的工具。

10.1.1 系统组成原理

测量系统包括一个用来恒定流量供水的马氏瓶、对相机成像过程中在物体尺寸和形状上的变形进行矫正的系统、地表湿润面积自动获取系统、从相机自动获取数据的控制系统以及整个系统的供电装置。自动测量系统的组成原理如图 10.1 所示。

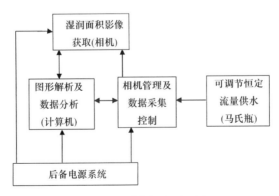

图 10.1　系统组成原理图

自动测量系统如图 10.2 所示。

10.1.2 系统部件清单

aigoDC-v800 数码相机 1 台
笔记本电脑　　　　　　　　　　　1 台
标定板　　　　　　　　　　　　　1 副

蠕动泵	1个
吸管	1个
相机支架	1副
相机电池	1块
相机充电器	1个
USB 线	1条
USB 延长线	1条
软件光盘	1张
操作说明书	1份

图 10.2　自动测量系统

10.2　操作使用方法

10.2.1　软件安装

运行光盘，打开光盘里的土壤入渗性能测量系统文件夹，打开"dotNetFramework"文件夹，相继运行"dotnetfx"和"langpack"两个程序。在土壤入渗性能主运行程序文件夹中将"FilterArea.exe，FileChange.exe"从压缩文件中解压在土壤入渗性能主程序文件夹或解压在土壤入渗性能自动测量系统文件夹中。主程序安装完毕。

10.2.2　相机驱动程序安装

将相机与电脑连接起来，双击"FilterArea"图标，弹出一个"土壤入渗性能自动测量系统"的窗口，如图10.3所示。打开相机电源，这时在电脑桌面弹出一个"欢迎使用找到新硬件向导"的对话框，如图10.4所示。

选择"从列表或指定位置安装（高级）（S）"安装，点击"下一步"，弹出"找到新的硬件"的对话框，选择"不要搜索项"，单击"下一步"，在弹出的对话框中选择"默认"，点击"下一步"，在弹出的选项框中选择"从磁盘安装"。

图 10.3　土壤入渗测量系统安装窗口

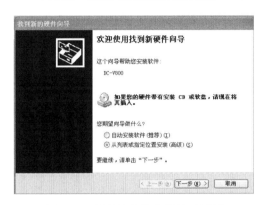

图 10.4　新硬件安装向导的对话框

点击"下一步",在新的对话框中选择"浏览",然后在安装"土壤入渗性能自动测量系统"软件的文件夹中选择"V800release"文件夹中的"driver"文件夹,选择"确定"。相机驱动程序已经安装好。

10.2.3　试验操作步骤

1. 试验前的准备工作

(1) 室内试验中,按需要将试验要用的土样均匀地装入土槽中。野外应用中,该步骤省略。

(2) 打开蠕动泵,按设定好的流量选择转数,并将流量值记下来,单位为 mm^3/h。

(3) 将相机装在相机支架上。

(4) 打开电脑,用 usb 延长线将电脑与相机连接起来。

2. 标定

将标定板放在土堆要测试的土层上面,双击"FilterArea"图标,打开相机,在弹出的"土壤入渗性能自动测量系统"对话框中选择"标定测试系统状态"(图 10.5),弹出一个"图像采集"对话框,屏幕框中出现红色十字线的测试图像。

点击"预览开始",标定图板和测试区域出现在对话框中调整相机的位置,使要测量的图形完全呈现在软件屏幕上,调整相机的仰角和左右摆角将图像上的红色十字中心放到标定板的圆心上,拖动视场的滑标,调节视场和快门,来达到比较好的测试效果。一

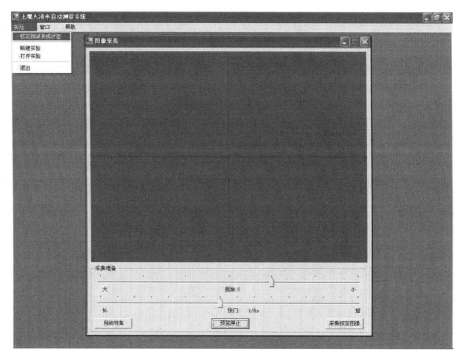

图 10.5　标定测试状态对话框

般视场数越大可视面越小，采集面也将越小；快门时间越短，曝光时间越长，光线越强，图像越白。程序自动默认的视场数为 5，快门为 1/4s。选择自动对焦，使采集效果更好，点击"采集标定图像"选项，弹出对话框（图 10.6）。

图 10.6　标定图像对话框

把鼠标拖到标定的图像上会有一个白色的十字光标出现，根据十字线将光标分别移动到标定板最外侧的黑线外的空白区域上右键鼠标右键，选择上、下、左、右四个方向，如图 10.7 所示。

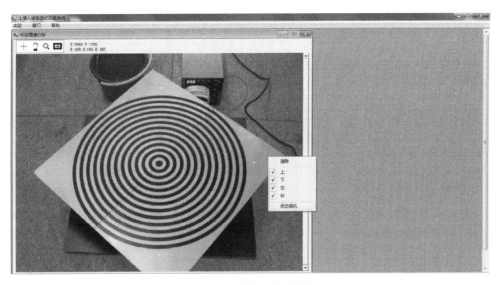

图 10.7 选择方向对话框

上下、左右相对称的点要大致在一条直线上。如果想要重新标定方位,在标定的那个点击鼠标右键选择"清除",然后重新标定方位。方向选择好后,点击鼠标右键,选择"标定相机",弹出"请确认十字线位于标定板的中心!!!!"的对话框。点击"确定"进行相机标定,待相机标定结束后关闭"标定图像分析"对话框,移走标定板。

3. 开始试验

点击"试验",选择"新建试验",弹出如图 10.8 所示的对话框。选择存储路径,可保存到自行创立的新的文件夹中,将文件名输入后,单击"确定",弹出如图 10.9 所示的程序界面。

图 10.8 新建试验对话框

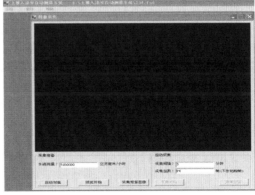

图 10.9 图像采集状态对话框

在水流流量的数据框中填入测定好的水流流量值。采集间隔和采集总数按需要,人为设定,采集总数的单位为 1 帧,1 帧为一张照片。设置好后,点击"预览开始",然后点击"采集背景图像"。将蠕动泵打开,当水流开始渗出时,单击"采集开始"。然后系统便自动进行采集试验图像并保存。试验完毕后,单击"采集结束"。

10.3 数据计算与存储

试验完毕后,关闭图像采集窗口,点击"打开试验"。

在弹出的对话框(图10.10)中找到本次试验文件并打开,弹出以下"图像分析"界面。

图10.10 打开试验对话框

待实验数据加载完毕,将鼠标移到图面上会出现一个灰色的十字图标,将灰色十字图标在试验得到的图像上选取测量的区域,在入渗的地方右击鼠标右键选择"湿土区",在未入渗的地方右键选择"干土区",如图10.11所示。

在选定的区域内右键选择"计算湿润面积",在弹出的对话框(图10.12)中点击"确定"。

在图像分析对话框的右边产生土壤入渗性能试验结果对话框,显示此幅图里的入渗的面积,等湿润的区域变成红色后,说明面积计算完毕,如图10.13所示。

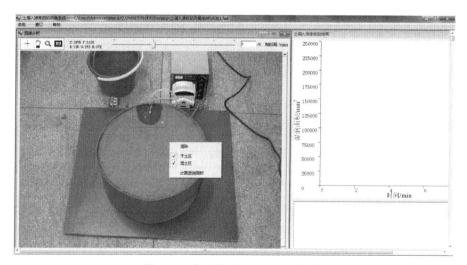

图10.11 标定湿土与干土区对话框

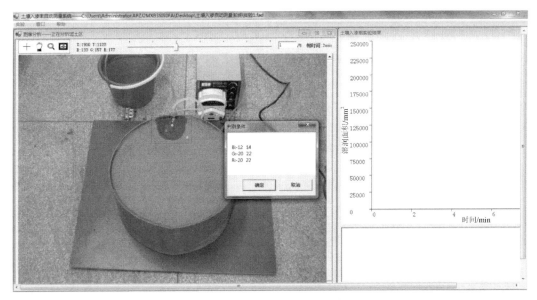

图 10.12 计算湿润面积对话框

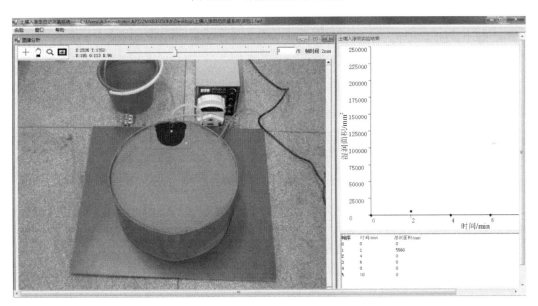

图 10.13 湿润面积显示对话框

然后，选择下一个图片进行处理。

待所有的图片处理完毕后，在"土壤入渗试验结果"对话框中显示每张图的入渗面积曲线图，在空白处右键选择"计算入渗率"，这时会出现红黑两条入渗曲线，红色的是通过平均算法计算后得到的，黑色的是通过数值算法计算后得到的，如图 10.14 所示。

然后，右键选择"导出数据和导出图形"，用户可将数据和图形导出到指定文件夹，如图 10.15 所示，试验完毕。

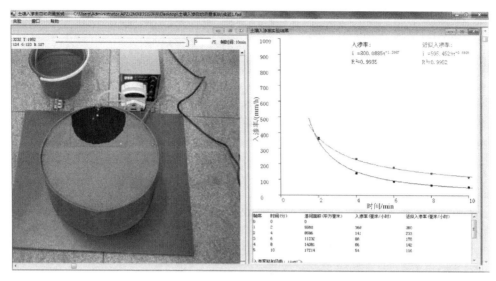

图 10.14 入渗率计算结果显示对话框

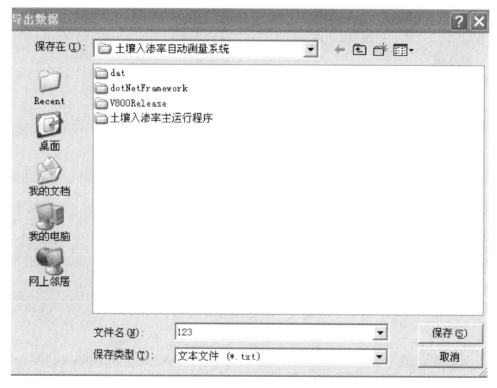

图 10.15 数据存储显示对话框

10.4 自动测量系统检验流量对入渗的影响

入渗是指水分进入土壤的过程,是自然界水循环中的一个重要环节。土壤入渗性能对于研究地表产流的机理,减少地表径流,增加降雨(灌溉)入渗,提高作物水分利用效率等方面都具有重要的理论意义和实践价值(雷志栋等,1988)。许多学者证明,各种形式的流量因素直接或间接地影响土壤水分入渗能力。降雨条件下，Rubin（1966）、Aken 和 Yen（1984）的研究表明，不同降雨强度下，入渗曲线形式是相同的，如果降雨历时足够长，均质土壤的稳定入渗率、入渗总量与降雨强度无关，但瞬时入渗速率受降雨强度大小和雨强的时间变化影响较大。也有一些研究结果（罗伟祥，1990）表明，随着降雨强度增大，土壤稳定入渗速率有增大的趋势。在非降雨供水条件下，李明思等（2006）研究了点源滴灌滴头流量与湿润体关系，随着滴头流量的增大，土壤湿润锋水平运移速率比垂直运移速率增加得快，湿润区变化以水平扩展为主。滴头流量越大，土壤湿润体越宽浅。赵颖娜等（2010）研究证明，湿润体体积大小不仅受灌水量影响还受滴头流量影响，相同灌水量情况下，湿润体体积随滴头流量的增大而变小。雷廷武等（2007）根据水量平衡原理提出测量坡地土壤入渗能力的线源入流法及相应的自动测量系统，建立了土壤入渗性能数值与近似计算模型。该线源入流测量方法采用线源布水器及马氏瓶向坡地土壤进行供水，根据恒定流量的水流在地表的湿润面积随时间变化推进的过程，计算土壤的入渗性能。该方法可以应用于坡地的测量且试验过程中用水量少。线源入流测量试验中供水充分，可以测量得到土壤本身的入渗能力。由于该方法利用土壤湿润面积随时间变化的规律推导出水流推进过程中土壤入渗性能的计算模型，不同的流量对地表湿润面积的影响是显著的，而供水流量对土壤入渗性能测量结果的影响及应用该自动测量系统测量土壤入渗性能的流量范围还需进行研究。

本节采用土壤入渗性能的自动测量系统，①研究不同供水流量对土壤入渗性能测量结果的影响；②比较数值算法与近似算法计算得到的结果；③利用计算结果拟合分析入渗模型参数；④在水量平衡原理基础上分析测量结果误差。

10.4.1 材料与方法

1. 试验材料

采用室内试验，供试土壤为砂壤土，其颗粒组成为：砂粒（1.0～0.05 mm）占 55.01%，粉粒（0.05～0.002 mm）占 37.99%，黏粒（<0.002 mm）占 7%。

土壤入渗性能线源入流自动测量系统包括马氏瓶、线源布水器、数码相机、笔记本电脑及土槽（室内试验）等。具体介绍如下：

（1）马氏瓶尺寸为内径 14 cm，高 80 cm，供水时通过马氏瓶进气口与供水管出水口的高差来调节流量。

（2）线源布水器由导水管、布水腔、布水带组成。布水腔上开有多个孔口作为出水口，用于向布水带供水。水流由供水马氏瓶经由导水管、布水腔和出水口向布水带供水。进入布水带内的水流一方面可进入其下方的土壤用于土壤入渗，另一方面水可以在布水带内侧向运动，实现线源布水。

（3）相机采用可控工业数码相机。

（4）试验所用的土槽采用铁板制成，容积为 1.2 m×0.6 m×0.3 m，沿长度方向分成 3 个同样大小（1.2 m×0.2 m×0.3 m）的小槽，作为三个重复。土槽只在室内试验时使用，野外试验则不需要。

2. 试验方法

试验时，在土槽底部装入一层 5 cm 厚细砂，以形成透水透气性能较好的边界。土样风干后过 2 mm 筛。并测定土样初始含水率。按容重 1.38 g/cm³、每 5 cm 为一层，分层装入土槽。土样放入土槽后不捣压而用耙子整平。整个土槽的装土深度为 25 cm。

试验设置 3 个流量（0.75 L/h、1.02 L/h、1.92 L/h），每个流量设置 3 个重复。试验过程中，由计算机自动控制数码照相机拍摄地表湿润过程，设置拍摄时间间隔为 3 min，每次试验 2 h，共拍摄图像 40 次。系统软件可实现由记录得到的图像自动计算地表湿润面积随时间变化的过程。根据测量/计算得到的湿润面积随时间变化的过程，由自动测量系统计算得到土壤入渗性能随时间变化的过程，并将计算得到的结果加以显示。

10.4.2 试验结果与分析

试验过程中通过计算机中的数据获取控制组件设定数码相机记录地表湿润面积图像的时间间隔，并通过图像处理组件处理计算地表湿润面积。试验过程中，典型的自动测量系统中的影像图以及对应的影像解析图如图 10.16 所示。

图 10.16 地表湿润面积

图 10.16 中，左侧图像为数码相机自动获取的地表湿润面积图像，右侧图像中的红色区域为自动测量系统通过识别得到的湿润区域。通过比较两幅图像可以看出，该自动测量系统对湿润面积的识别准确，两图中的湿润边界几乎没有差别，证明湿润面积分辨系统精度很高。自动测量系统对识别出的湿润面积进行自动计算，得到的湿润面积随时间变化的过程如图 10.17 所示。

从图 10.17 可看出，地表湿润面积在初始时刻增加很快，斜率较大。随着时间的延长，增加速度逐渐减缓，对应的曲线斜率逐渐变小。

在提取得到的湿润面积随时间变化的过程基础上，测量系统利用数值方法和平均近似算法自动地计算得到土壤入渗性能曲线（图 10.18）。

图 10.18 中上方的曲线是根据近似方法计算得到的结果，下方的曲线是根据数值算法计算得到的结果。可以看出，土壤入渗性能的数值方法及平均近似算法得到的结果均很好地描述了土壤入渗随时间变化的全过程，测量得到的土壤初始入渗性能非常高，较传统测量方法有了很大的提高。

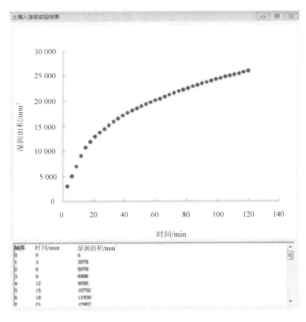

图 10.17　地表湿润面积随时间变化的过程

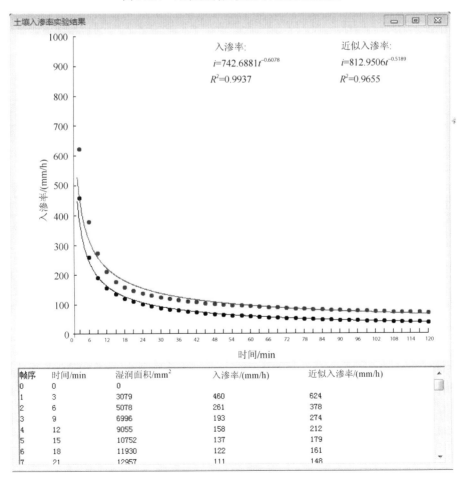

图 10.18　土壤入渗率自动测量系统试验结果

由数值方法计算得到的不同流量下土壤入渗性能随时间变化的曲线如图 10.19 所示。由平均近似方法计算得到的不同流量下土壤入渗性能随时间变化的曲线如图 10.20 所示。

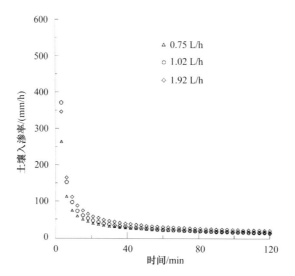

图 10.19　用数值方法计算得到的土壤入渗性能

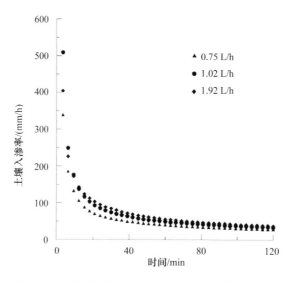

图 10.20　用平均近似方法计算得到的土壤入渗性能

由图 10.19 和图 10.20 可以看出，不论是用数值方法还是用平均近似方法进行计算，不同的流量条件下测得的土壤入渗性能曲线趋势均一致，差异不显著。特别是在测量后期土壤入渗率接近稳定时各曲线基本重合。

两种方法计算得到的不同流量下土壤入渗性能随时间变化的曲线对比如图 10.21 所示。

可以看出，不同流量下测得的土壤入渗性能曲线在初始很高的土壤入渗率迅速下降的过程中略有差异，但在测量后期，土壤入渗性能的计算结果趋于一致，总体上差异并不显著。即在一定的流量范围内供水流量不会影响测量得到的土壤入渗性能。由图 10.20

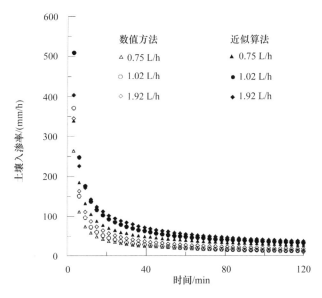

图 10.21 两种方法计算得到的土壤入渗性能对比

还可以看出，用数值方法计算得到的结果始终低于用平均算法得到的结果，但两者趋势是一致的。近似算法得到的结果为数值计算方法提供了很好的参照。

本章利用现在广泛使用的入渗模型对测量得到的结果进行拟合，得到模型参数并进行比较。入渗模型包括 Philip 入渗模型、Kostiakov 入渗模型以及 Kostiakov 修正模型（MK）。模型中，i 为入渗率，mm/h；t 为时间，min；K 为 Philip 模型中的土壤水分传导率，mm/h；A_0 为 Philip 模型中的土壤水分吸着率，mm/30min；K_s 为饱和导水率，mm/h；A 为 Kostiakov 模型中回归的常数；B 为 Kostiakov 模型中时间指数。

具体拟合得到的参数及对应的确定性系数如表 10.1 所示。

表 10.1 土壤入渗性能的模型拟合结果

	模型	入渗公式	0.75 L/h		1.02 L/h		1.92 L/h	
			拟合参数	确定系数	拟合参数	确定系数	拟合参数	确定系数
数值方法结果拟合	Philip	$i = K + A_0 t^{-0.5}$	K=−35.16 A_0=405.64	0.877	K=−54.86 A_0=574.21	0.865	K=−44.50 A_0=555.05	0.915
	Kostiakov	$i = At^B$	A=713.82 B=−0.96	0.980	A=1127.53 B=−1.046	0.986	A=862.97 B=−0.873	0.988
	MK-10	$i = K_s + At^B$	A=915.55 B=−1.187	0.997	A=1366.05 B=−1.223	0.998	A=994.00 B=−1.005	0.997
近似算法结果拟合	Philip	$i = K + A_0 t^{-0.5}$	K=−34.53 A_0=553.86	0.945	K=−58.02 A_0=815.18	0.922	K=−31.83 A_0=670.94	0.971
	Kostiakov	$i = At^B$	A=735.42 B=−0.748	0.989	A=1179.39 B=−0.811	0.984	A=798.26 B=−0.663	0.992
	MK-10	$i = K_s + At^B$	A=813.11 B=−0.846	0.997	A=1278.97 B=−0.888	0.992	A=846.89 B=−0.725	0.996

从拟合结果可以看出，Philip 入渗模型的拟合结果确定性系数较其他模型低。这可能是因为 Philip 入渗模型预测的达到稳定入渗率的时间（几天）比实际田间试验观测的达到稳定入渗率的时间（2~3h）要慢，对于长时间的入渗模拟，偏差较大。Kostiakov

模型及其修正模型给出的拟合结果较好,其中 Kostiakov 修正模型与实测值最贴近。Gosh(1980;1983)得出过同样的结论,其中提到 Kostiakov 经验入渗模型在模拟田间入渗时,拟合较好,尤其是对土壤初期的入渗模拟较好,说明 Kostiakov 模型及其修正模型更适合用来描述本研究所使用土壤的入渗过程。

将数值方法和近似算法所得的土壤入渗性能进行对比,并与 1∶1 的直线进行比较(图 10.22)。由图可见,3 个流量试验数据的拟合直线斜率均大于 1,即用近似算法计算得到的土壤入渗性能均比用数值方法计算得到的结果大,这是由于近似算法得到的结果为湿润面积范围内土壤入渗率的平均值,实际的入渗率应小于该值。虽然近似算法较数值方法精度偏低,但是该算法计算过程简单,易于操作,可以将该算法计算得到的土壤入渗率作为其他方法计算得到结果的参照值。在试验最后,地表湿润面积范围内,土壤入渗性能均趋于稳定。此时,数值方法和近似方法得到的入渗性能过程曲线趋于接近(图 10.22)。这表明,近似算法得到的土壤稳定入渗率为土壤的实际最终入渗率。而数值方法得到的稳定入渗率比近似算法得到的数值偏低,表明数值方法虽然在整体精度上要高于近似算法,但其低估了土壤的稳定入渗率。

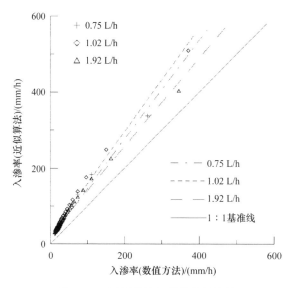

图 10.22　近似算法与数值方法比较

10.4.3　误差分析

相对误差分析的基本原理为水量平衡原理。通过比较试验总供水量和由土壤入渗性能回归的累积入渗量得到土壤入渗性能总误差。计算公式如下:

总入渗量为

$$Q_1 = \int_0^A \left(\int_0^T i(t, A) \, \mathrm{d}t \right) \mathrm{d}A \tag{10.1}$$

累积入渗量 $I(A)$ 是坡面位置的函数,单位为 m^3/m^2 或 mm。

$$I(A) = \int_0^T i(t, A) \, \mathrm{d}t \tag{10.2}$$

马氏瓶的总供水量由试验中马氏瓶的读数测得或由下面的公式求出：

$$Q_2 = qT \tag{10.3}$$

式中，q 为马氏瓶的供水流量，L/h 或 mm/min；T 为总入渗时间，h 或 min。

试验误差为

$$\delta = \left| \frac{Q_2 - Q_1}{Q_2} \right| \times 100\% \tag{10.4}$$

用数值计算方法计算得到入渗性能估计得到的误差见表 10.2。可以看出，计算所得到的误差均小于 10%，证明该系统得到的测量结果具有较高的精度。

表 10.2 数值算法累积入渗量相对误差

流量/L	重复一/%	重复二/%	重复三/%
0.75	5.4	5.4	6.0
1.02	3.8	9.5	4.1
1.92	1.3	4.9	2.9

第 11 章　线源入流测量方法的应用

11.1　不同土地利用和季节交替对入渗性能影响

黄土高原是世界上土壤侵蚀最严重的地区。土壤入渗性能作为土壤基本物理参数，对降雨产流转化过程具有重要的影响。研究黄土高原丘陵沟壑区季节交替不同土地利用土壤入渗性能，对于增加降雨入渗，减少径流和土壤侵蚀具有重要的意义。

土壤入渗过程决定着降雨径流的转化，与土壤质地、结构（Ben-Hur et al.，1985；Franzluebbers et al.，2002）、容重、含水率和团聚体等有关（Grayson et al.，1997）。其中土壤含水率状况对降雨入渗有显著影响，但同时又受制于降雨入渗转化过程。土壤初始含水率越低，水力梯度越大，土壤颗粒间孔隙越大，水分入渗速率越快（Cook et al.，1994）。但是，Nestor 等（2006）研究发现土壤含水率状况对土壤水入渗几乎没有影响。Castillo 等（2003）研究表明，在中、小雨强时土壤初始含水率状况对入渗产流有明显影响，而较大雨强时没有显著关系。

土壤团聚体是土壤的重要组成部分，对土壤水分运移和土壤保水性具有显著影响，其水稳性和数量是评价土壤可蚀性的重要指标参数（Bronick and Lal，2005），对地表水入渗和土壤侵蚀等相关过程产生直接影响（Bird et al.，2007）。土壤团聚体受多方面因素影响，包括有机质含量、地表覆盖和管理措施等（Beare et al，1994；Barthès et al，2000）。土壤容重反映土壤压实状况，土壤压实引起土壤孔隙度变小，密度增大，从而导致土壤的透水性、通气性、蓄水能力大大减弱，对地表水入渗产生显著的影响。土壤组成、耕作扰动和农业放牧等均会引起土壤容重的变化，其中放牧过程中动物踩踏直接造成土壤孔隙空间压缩，引起土壤压实，降低土壤入渗性能。一直以来，农业生产和放牧是黄土高原地区居民经济收入的主要来源，随着人口压力的持续增长，过度放牧引起的土壤压实、土地退化等生态问题日益突出（Wu and Tiessen，2002；Li and Wang，2003）。在世界上其他国家也同样存在过度放牧引起土壤压实，加速土壤侵蚀和森林退化等问题（Devendra and Thomas，2002）。

本研究采用线源入流法测量比较黄土高原典型流域内不同土地利用方式下土壤入渗性能，分析土壤含水率、土壤容重、土壤团聚体分布与土壤入渗性能的关系，并分别在汛期开始前、后的春、秋季节进行土壤入渗试验，比较季节交替变化对不同土地利用土壤入渗性能的影响。

11.1.1　研究区域概况

桥子沟流域位于我国西北地区甘肃省天水市境内，属于黄土高原丘陵沟壑区。桥子沟流域土地分属天水市秦州区、麦积区玉泉、南河川乡人民政府的 5 个村委会。流域内实施多种不同水土保持综合治理措施，包括人工林草地、水平梯田等。

桥子沟流域内土地利用方式如表 11.1 所示，主要有农业用地、林地、人工草地、居民用地和荒地等。桥子沟流域农耕地占流域总面积的 74.7%，自然植被极差，植被覆盖度不到 15%。主要农作物有小麦、玉米、洋芋等。主要经济作物有杏树、樱桃、油菜等。木本植物有 15 科 26 种，其中乔木主要有杨、柳、榆、刺槐树；灌木主要有狼牙刺、玉加、枸杞、花椒。草本植物有 20 科 76 种，其中以豆科、禾本科、菊科、蔷薇科为最多，如苜蓿、胡枝子、草木樨、紫云英、白草、小糠草、羽茅、蒿类等。

表 11.1　桥子沟流域不同土地利用类型面积（1985 年）　　单位：hm^2

流域	面积	农业用地			人工林地	人工草地	居民用地	荒地
		坡耕地	梯田	果园				
桥子东沟	136.00	73.71	21.87	2.22	32.10	3.29	1.67	1.14
桥子西沟	108.99	84.43	3.08	0.62	2.16	0.52	2.33	15.85

桥子沟流域地处天水市郊，农业生产是流域周边自然村的主要经济来源。据 2004 年年底调查统计，桥子沟流域周边 5 个自然村共有 323 户 1303 人，从业人员 628 人，年人均产粮 510.7 kg，年人均收入 1077 元。近年来，随着城郊经济迅速发展，农民外出打工劳务收入所占比重逐渐增加，但牲畜蓄养及种植果园依然是桥子沟流域周边村民经济收入主要来源。流域内过度放牧现象较为严重，属于重度放牧区。按照世界银行 1997 年统计，黄土高原地区户均有 10 个羊等量单位，桥子沟流域周边放牧强度达到 13.18 只羊/hm^2，通常重度放牧强度为 6.67 只羊/hm^2。近年来，由于桥子沟流域内罗玉沟试验场固定居住人员减少，部分闲置房屋长期出租农户用于牲畜蓄养，尽管桥子沟流域内"休牧还草"政策已经实施近 6 年，但受自然条件及经济因素影响，散养放牧依然长期存在。

选取草地、果园和农业用地进行土壤入渗性能测量比较。其中，农业用地包括玉米地、残茬地和翻耕地，因为农地秋收完成闲置后，缺乏地表作物覆盖保护，容易产生严重的水土流失。因此同时对不同土地利用类型地块的土壤含水率、土壤容重进行测量。

11.1.2　测量方法

该研究需要在野外进行土壤入渗试验，双环入渗仪作为常用的土壤入渗测量方法，相比其他方法具有操作简单、方便快捷的特点，但测量过程中需要大量供水，对于野外取水困难时存在一定的局限，而且不适用于坡地测量。人工模拟降雨法测量土壤入渗率不受地形限制，近年来也较为广泛使用，但降雨设备较复杂，有时需要外部动力驱动，在野外使用依然存在一定局限，而且初始入渗率的测量局限于降雨强度的大小，不能完整测量土壤入渗性能。

雷廷武等（2007）研究了无降雨条件下，测量土壤真实入渗性能的线源入流测量方法，具有不受地形限制、需水量小、可操作性强等特点，适合野外快速准确的测量土壤入渗性能。而且由于线源入流测量方法没有降雨及地表径流的影响，测量过程中地表坡度变化不会对土壤入渗性能产生显著影响，Fox 等（1997）研究发现，地表坡度变化对土壤入渗性能的影响主要包括三个方面即有效降雨量、地表径流深及细沟侵蚀。线源入流测量方法在无降雨条件下进行，测量过程中无地表径流和土壤侵蚀。

线源入流测量方法如图 11.1 所示，通过线源供水器提供稳定出流，根据土壤湿润面积随时间变化的过程，推导计算土壤入渗性能随时间变化曲线。其中，在稳定出流时：

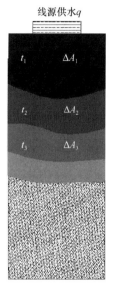

图 11.1　线源入流测量方法示意图

$$q = \int_0^A i(A,t)\mathrm{d}A \tag{11.1}$$

t_1 时刻：$q_1 \approx i_1 \Delta A_1$ （11.2）

t_2 时刻：$q_2 \approx i_2 \Delta A_1 + i_1 \Delta A_2$ （11.3）

t_3 时刻：$q_3 \approx i_3 \Delta A_1 + i_2 \Delta A_2 + i_1 \Delta A_3$ （11.4）

任意时刻：$q_n \approx i_n \Delta A_1 + i_{n-1} \Delta A_2 + \cdots + i_1 \Delta A_n$ （11.5）

任意时刻：土壤入渗率 $i_n = \dfrac{q_n - \sum\limits_{j=1}^{n-1} i_j \Delta A_{n-j+1}}{\Delta A_1}$ （11.6）

线源入流法测量土壤入渗性能装置，如图 11.2 所示。它主要由马氏瓶供水装置、下垫面尺度参照系统和数码拍摄系统 3 部分组成。该测量方法具有结构简单、需水量少、搬运便捷等特点，非常适合野外测量使用，尤其是对于黄土高原西北干旱地区，面临野外水源稀缺的实际情况。

为减少水质对土壤水入渗过程的影响，试验过程均使用桶装纯净水，电导率为 2 μS/cm（新鲜蒸馏水的电导率为 0.2~2 μS/cm），桶装纯净水作为固定水源，利用马氏瓶原理，从瓶口橡胶塞分别引出两根橡胶软管作为进气管和出流管。试验开始前，调节进气口和出水口高度，当出水流量达到试验要求时，固定进气管和出流管高度，使其在整个试验过程中提供稳定出流。下垫面地表摆放标准刻度尺作为对照，在试验区域上方放置长度为 20 cm 的水平面板，上面粘贴两条带状海藻棉，利用海藻棉优良的吸水性能进一步均匀水流流态。其中，带状海藻绵一侧与地表直接接触，作为线源入流测量方法的线源水流。整个测量过程中，三脚架位置固定，通过数码相机拍摄试验区域，利用标准刻度尺作为参照对象，计算地表渗流湿润面积随时间变化的过程，代入线源入流测量模型计算公式（11.6），即可求出土壤入渗性能随时间变化的过程。

图 11.2　线源入流法野外实施测量装置

选取流域内五种典型土地利用方式作为研究对象，包括果园、翻耕地、玉米地、残茬地和人工草地。试验开始前需要标定马氏瓶出口水流流量 4.2 L/h，每个处理采取三个重复。土壤容重采用环刀法进行测量，环刀容积为 200 cm^3。采用酒精燃烧法测量土壤含水率，土样分别采自距地表 5 cm、10 cm 和 20 cm 深度。每次试验前均需要对地表进行修剪和枯落物清理，同时尽可能减少对地表土壤的扰动。野外采集土样测量有机质含量和团聚体结构分析，分别采用湿筛法和干筛法对土壤团聚体进行分析。其中，干筛法可以获得土壤团聚体粒径分布状况，湿筛法可以评价土壤团聚体水稳性状况。套筛孔径选取依次为 5 mm、2 mm、1 mm、0.5 mm 和 0.25 mm，由于黄土几乎没有直径大于 5 mm 的团聚体，因此团聚体分析中不考虑 5 mm 粒径级别。

11.1.3　不同土地利用土壤入渗性能比较

图 11.3 所示为不同土地利用方式下土壤入渗性能。果园的土壤入渗性能最高，得益于最高的水稳性团聚体含量及其平均质量直径（MWD），而且除新扰动的翻耕地外，土壤容重相比其他地块也是最小的，均有利于增加土壤水入渗。新扰动的翻耕地正是由于表层土壤极其疏松同样也具有较大的入渗性能，而且翻耕地初始土壤入渗性能高于果园，随后逐渐降低达到稳定。这是由于翻耕地中水稳性团聚体含量较低，土壤团聚体颗粒遇水湿润后分散，逐渐堵塞土壤通道，降低了土壤入渗性能。因此，尽管人工耕作翻耕能够短期内迅速增加土壤孔隙度，但是不利于土壤结构的稳定性（Franzluebbers，2002）。同样作为农业用地，玉米地土壤入渗性能高于残茬地，可能的原因是玉米地中大于 0.25 mm 直径水稳性团聚体远远高于残茬地，有利于提高土壤结构的稳定性，增加土壤入渗性能。尽管玉米地中干筛法获得的土壤团聚体总量大于残茬地，但大部分非水稳性团聚体在湿润过程中迅速分散，堵塞土壤孔隙通道，大大降低土壤入渗性能。人工草地的土壤入渗性能最低，最直接的原因是长期过度放牧引起土壤压实，致密的土表层

大大降低了土壤的通透性，即使人工草地中水稳性团聚体含量较高，但土壤团聚体总量的最低，制约降低土壤入渗性能。

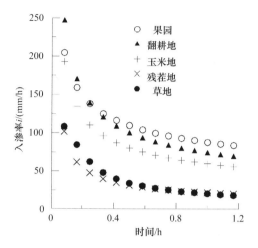

图 11.3　不同土地利用土壤入渗性能比较

如图 11.4 所示，不同土地利用方式下土壤容重与稳定入渗率具有较好的相关性，除人为扰动的新翻耕地外，土壤稳定入渗率随着土壤容重的增加而减少。因为土壤容重的增加一定程度上说明土壤孔隙空间被压缩，减少水流在土壤中的通道，是减少入渗、增加地表径流和土壤侵蚀的重要影响因素。由于过度放牧引起人工草地入渗性能急剧降低，说明土壤结构一旦遭受破坏压实后，无论是入渗水流通道还是土壤大气交换通道，均受到严重破坏，依靠大自然的自我修复能力，需要一个相对较长的周期（Jim，2003）。

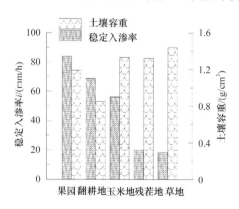

图 11.4　不同土地利用土壤稳定入渗率与土壤容重比较

土壤入渗性能受土壤容重与土壤团聚体状况影响。土壤容重越大，土壤孔隙受压缩，入渗性能越低。土壤中大于 0.25 mm 团聚体数量越多，说明土壤孔隙结构良好，有利于形成土壤水入渗通道，同时，水稳性团聚体所占比例越高，土壤团聚体颗粒遇水不易分散堵塞孔隙，在土壤水入渗过程中能够维持良好的孔隙通道，有利于提高土壤入渗性能。对于土壤遭受严重破坏压实的人工草地，土壤水入渗通道与大气交换通道均会受到严重破坏，土壤入渗性能自然恢复需要一个漫长的过程。农地经过传统人工翻耕措施，能够快速疏松地表，增加土壤水入渗，但是人工翻耕措施会破坏土壤团聚体结构，土壤颗粒遇水极易分散形成地表结皮，迅速减少土壤水入渗。因此，传统人工耕作措施不利于根本上改善土壤入渗性能。

11.1.4 季节交替不同土地利用土壤入渗性能比较

图 11.5 和图 11.6 所示分别为春季与秋季四种不同土地利用入渗性能变化曲线。无论是汛期前春季（图 11.5）还是汛期后秋季（图 11.6），果园的土壤入渗性能都最高，其后依次是作物地、人工草地和残茬地。这与果园土壤容重较小、土壤中水稳性大团聚体所占比重较大有关。果园土壤容重较小，说明土壤孔隙数量多，透水性好，而水稳性大团聚体在遇水入渗过程中，不易分散，稳定性好，均有利于增加土壤入渗性能。残茬地和草地土壤入渗性能明显小于果园及作物地。可能的原因是，残茬地受水稳性大团聚体数量影响较少，入渗过程中不利于维持土壤良好的孔隙结构，土壤颗粒遇水易分散，堵塞土壤孔隙通道，降低土壤入渗性能。而且由于残茬地几乎没有地表覆盖保护，在天然降雨过程中，雨滴打击溅蚀作用易导致地表形成结皮，降低土壤入渗性能，通常经过传统翻耕疏松地表层，才能改善增加土壤水入渗。因此汛期结束后，未经人工翻耕扰动的残茬地受地表结皮影响，土壤入渗性能显著低于有作物生长覆盖的作物地和果园。无论是秋季还是春季，人工草地一旦遭受人为过度放牧影响，牲畜踩踏导致土壤结构破坏，土壤紧实度增加，都将显著降低土壤入渗性能。

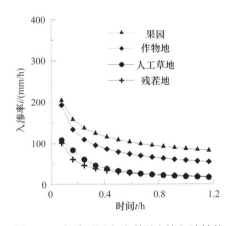
图 11.5　春季不同土地利用土壤入渗性能

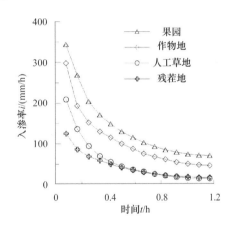
图 11.6　秋季不同土地利用土壤入渗性能

四种不同土地利用秋季土壤初始入渗性能（图 11.6）显著大于春季土壤初始入渗性能（图 11.5），稳定入渗性能表现出秋季小于春季的趋势。主要的原因是秋季初期气候炎热，日照强度大，大气蒸发能力强，地表层土壤初始含水率较低（图 11.6），有利于增加土壤水初始入渗，而稳定入渗过程主要受深层土壤含水率影响。春季（图 11.5）与秋季（图 11.6）四种不同土地利用土壤入渗性能曲线比较表明，秋季土壤入渗性能曲线降低速度大于春季，这是由于秋季深层土壤含水率高于春季，而稳定入渗阶段土壤入渗性能受深层土壤含水率影响，随着含水率的增加土壤水势梯度逐渐缩小，土壤水入渗驱动力减少，土壤入渗性能迅速降低。因此，季节交替变化主要通过土壤初始含水率变化对土壤入渗性能产生影响。

图 11.7～图 11.10 分别比较了汛期前后四种不同土地利用土壤平均入渗速率。秋季土壤初始入渗率显著大于春季土壤初始入渗率，而稳定入渗率呈现秋季小于春季的趋势。通过比较不同土地利用类型土壤平均入渗速率，秋季果园、作物地和残茬地平均土壤入渗性能约为春季土壤入渗性能的 1.2～1.3 倍。秋季人工草地土壤平均入渗速率约为春季草地平均入渗率的 1.6 倍。说明季节交替变化对人工草地土壤入渗性能的影响更大。可能的原因是，秋季草地生长相对茂盛，根系生长造成的大孔隙相对更丰富，有利于增加土壤水入渗。

季节交替变化对土壤容重影响不明显，果园及草地秋季土壤容重大于春季，作物地与残茬地春季土壤容重大于秋季，很可能的原因是果园及人工草地秋季受人工扰动强度大于春季，引起土壤容重增加。四种不同土地利用土壤有机质含量秋季大于春季，说明夏季雨热同季有利于地表残留有机物分解，提高土壤有机质含量。季节交替变化对土壤团聚体结构有明显影响，四种不同土地利用大于 0.25 mm 团聚体数量均表现出秋季高于春季的趋势，主要是由于冬季气温很低导致土壤冻胀，土壤团聚体结构易遭到破坏。其次，由于夏季汛期高温多雨，有利于土壤微生物的活动、土壤气体交换及有机物的分解，形成有机质含量较高的腐殖质层，而腐殖质是胶体状的高分子有机化合物，是土壤团粒结构形成的胶结剂，能促进土壤团聚体的形成。

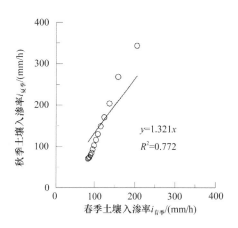

图 11.7　果园不同季节土壤入渗性能比较

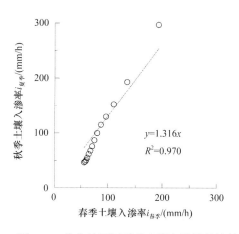

图 11.8　作物地不同季节土壤入渗性能比较

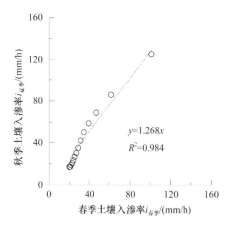

图 11.9　残茬地不同季节土壤入渗性能比较

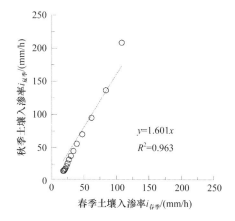

图 11.10　人工草地不同季节土壤入渗性能比较

季节交替变化主要通过土壤含水率影响土壤入渗性能。秋季土壤初始入渗性能显著大于春季土壤初始入渗性能，稳定入渗性能呈现秋季小于春季的趋势。初始入渗性能主要受地表含水率影响，秋季初期气候炎热，日照强度大，大气蒸发能力强，地表层土壤初始含水率较低，土壤水力梯度大，有利于增加土壤水初始入渗；而稳定入渗阶段土壤入渗性能主要受深层土壤含水率影响，汛期后秋季深层土壤含水率明显高于春季，随着含水率的增加，土壤水力梯度逐渐缩少，土壤水入渗驱动力减少，土壤入渗性能迅速降低。因此，季节交替变化主要通过土壤含水率变化对土壤入渗性能产生影响。

11.2 不同坡向及坡位土壤入渗性能研究

11.2.1 不同坡向土壤入渗性能研究

土壤入渗性能是土壤重要的物理特性之一，受土地利用类型、土壤含水率、土壤团粒结构及孔隙状况等因素的影响（Helalia，1993；Philip，1958；Baunhards，1990；Mein and Larson，1973）。不同林地、草地、地形地貌、土地利用方式等外界条件对土壤内在理化性质均有显著的影响，从而形成不同外界条件下土壤入渗的变化规律。坡向及坡位对土壤入渗的影响主要表现在阴阳坡植被生长状况有差异，形成枯枝落叶、土壤中腐殖质及地表初始含水率不同来影响土壤入渗（袁建平等，2001a，2001b；陈瑶等，2005；周萍等，2008；于东升和史学正，2002；Philip，1991a，1991b；张永涛等，2001；周维和张建辉，2006）。土壤初始含水率自身受降雨入渗、产流过程的影响，同时又对降雨入渗、产流过程中土壤水分再分布产生重要影响（陈洪松等，2006）。土壤团聚体的分布与稳定性是衡量土壤质量的重要指标，与土壤入渗性能密切相关（王国梁和刘国彬，2002）。

该研究采用线源入流法，在不同土地利用类型，分别测量阴坡和阳坡土壤入渗性能，并对不同坡位的草地及林地进行测量，分析土壤团聚体结构、土壤含水率和土壤容重等土壤物理性质，研究不同坡向及坡位土壤入渗性能变化规律。

1. 试验材料与测量方法

研究区域属于黄土高原丘陵沟壑区第三副区，位于甘肃省天水市桥子沟小流域试验站。流域内主要有林地、草地、农地等土地利用类型，桥子沟流域大致为南北方向，东西对称。桥子沟流域地势北高南低，是陇西黄土高原与陇南山地北缘的过渡地带，即所谓的傍山区。

如表 11.2 所示，本研究选择流域内果园、残茬地、油菜地、林地和草地五种不同土地利用类型，将处于南坡的地块作为阳坡，林地和草地的阴坡选取北坡，由于北坡人为干扰活动较少，相应农地较为少见，果园、残茬地和油菜地选取东坡和西坡作为阴坡。在试验区域内，采用环刀法测量土壤容重，并通过野外采集土样，分别测量距地表不同土层厚度土壤含水率。并将野外采集土样进行室内分析，采用干筛法和湿筛法，分析土壤团聚体分布状况及水稳性团聚体含量。每组测量分别采用三个重复。

表 11.2　桥子沟流域内试验土壤物理性质参数

土地利用方式	坡向	容重/(g/cm³)	土壤含水率/%		
			0~5 cm	10 cm	20 cm
果园	阳坡（南坡）	1.26	3.03	11.35	13.60
	阴坡（西坡）	1.30	3.34	12.52	12.62
油菜地	阳坡（南坡）	1.35	3.06	10.37	12.08
	阴坡（东坡）	1.38	3.71	9.92	11.67
残茬地	阳坡（南坡）	1.33	2.68	6.03	6.66
	阴坡（东坡）	1.35	3.28	6.54	7.53
林地	阳坡（南坡）	1.45	3.53	11.25	13.69
	阴坡（北坡）	1.21	5.69	13.46	14.22
草地	阳坡（南坡）	1.47	4.56	10.50	11.60
	阴坡（北坡）	1.28	5.45	13.22	14.70

2. 不同坡向土壤入渗性能变化过程比较

图 11.11～图 11.15 所示为五种不同土地利用类型土壤入渗性能变化曲线，随着水流供给时间的延续，土壤入渗性能迅速降低，达到稳定入渗率。果园、油菜地和残茬地阳坡的土壤初始入渗率均大于阴坡，而阳坡稳定入渗率小于阴坡。这与阳坡接受太阳光照

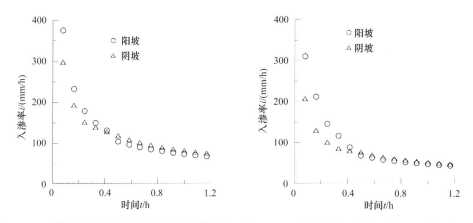

图 11.11　果园不同坡向土壤入渗性能变化规律　　图 11.12　残茬地不同坡向土壤入渗性能变化规律

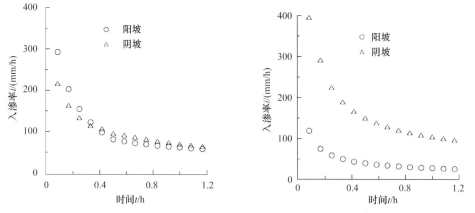

图 11.13　油菜地不同坡向土壤入渗性能变化规律　　图 11.14　林地不同坡向土壤入渗性能变化规律

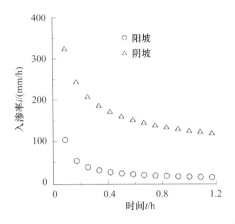

图 11.15 草地不同坡向土壤入渗性能变化规律

的强度大，相对持续时间长，地表水分蒸发能力强有关。对于果园、油菜地和残茬地，阳坡地表土壤初始含水率高于阴坡（表 11.14），而地表含水率低导致水力梯度大，土壤水吸力增强，有利于增加土壤初始入渗。通过比较坡向对果园、油菜地和残茬地土壤初始入渗的影响，不同坡向残茬地土壤初始入渗差异明显，残茬地阳坡土壤初始入渗率显著高于阴坡。由于残茬地没有地表覆盖，地表受太阳直接辐射，阳坡地表含水率明显小于阴坡（表 11.2），造成土壤初始入渗过程的显著差异。如图 11.11～图 11.15 所示，果园、油菜地和残茬地阴坡与阳坡的稳定入渗率差异不大，由于果园、油菜地和残茬地都属于农地，与农业生产活动密切相关。无论地处阴坡还是阳坡都受频繁耕作的影响，破坏土壤的团粒结构和有机平衡，逐渐导致土壤退化和生产力不足，退化的土壤变得密实，降低土壤稳定入渗性能。

对于林地和草地，无论是土壤初始入渗率还是稳定入渗率，阴坡土壤入渗性能远远大于阳坡（图 11.14 和图 11.15），林地和草地阴坡土壤入渗性能明显大于农地（果园、残茬地和油菜地）土壤入渗性能，林地和草地阳坡土壤入渗性能与农地（果园、残茬地和油菜地）土壤入渗性能差异不显著。说明林地和草地土壤入渗性能，受土壤团粒结构的影响大于土壤初始含水率影响。由于本研究中选取地处北坡的林地和草地作为阴坡，土壤水分状况明显好于阳坡，对于多年平均蒸散量远远大于年均降水量的黄土高原干旱地区，良好的土壤水分状况对于林地和草地的生长极其有利，相对发育较好的阴坡植被，丰富的根系能够增加土壤有机质和水稳性团聚体含量，降低土壤容重，增加非毛管孔隙度，进而增强土壤疏松性和透水性。阴坡的林地和草地土壤入渗性能大于阳坡的另一个重要原因是，阳坡人类活动较为频繁，家畜动物长期放牧踩踏引起土壤压实，增加土壤容重，降低土壤入渗性能。

3. 不同坡向土壤入渗曲线关系比较

图 11.16 所示为不同坡向土壤入渗率关系曲线图。果园、残茬地和油菜地阴坡和阳坡土壤入渗率关系线性回归直线斜率大于 1∶1 直线，不同坡向果园和油菜地土壤入渗率关系线性回归直线斜率较为接近。说明农地中阳坡土壤平均入渗率大于阴坡，坡向对残茬地的影响大于果园和油菜地。图 11.16 中，林地和草地土壤入渗率关系回归直线斜率小于 1∶1 直线，说明林地和草地土壤平均入渗率阴坡大于阳坡，而且坡向对草地的

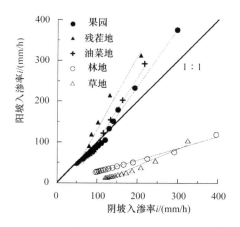

图 11.16　不同坡向土壤入渗曲线关系比较

入渗性能影响大于林地。表 11.3 中的不同坡向土壤入渗率线性回归方程，进一步说明了五种不同土地利用类型土壤入渗性能随坡向变化规律。

表 11.3　不同坡向土地入渗曲线关系回归方程

土地利用类型	回归方程	决定系数 R^2
果园	$Y = 1.425X - 48.77$	0.992
残茬地	$Y = 1.805X - 50.332$	0.975
油菜地	$Y = 1.578X - 57.179$	0.984
林地	$Y = 0.294X - 3.637$	0.987
草地	$Y = 0.419X - 42.484$	0.955

4. 土壤通用入渗模型回归比较

式（11.7）为通用土壤入渗模型计算公式，通过对不同坡向土壤入渗性能曲线回归，比较拟合参数变化规律。

$$f(t) = a + bt^{-n} \tag{11.7}$$

式中，a、b 和 n 均为试验拟合参数。

表 11.4 所示为不同坡向土壤通用入渗模型公式回归计算结果，均能够较好地说明五种不同土地利用下坡向对土壤入渗性能的影响，模型回归决定系数 R^2 均在 0.9 以上。通过对参数 n 比较，变化范围为 $-0.410 \sim -1.056$，根据 Philip 经验入渗模型，取指数 $n = -1/2$，通用模型变换为 Philip 模型形式，如式（11.8）所示：

$$f(t) = a + bt^{-1/2} \tag{11.8}$$

式中，a、b 为试验数据拟合参数，t 为时间参数。

表 11.5 所示为不同坡向土壤入渗性能 Philip 模型回归计算结果。决定系数 R^2 均在 0.9 以上，说明模型能够较好的描述不同坡向土壤入渗性能变化规律。模型回归计算参数 a、b 数值如表 11.5 所示，由于本研究土壤入渗性能测量时间约等于 1 h。代入式（11.8）可得，土壤稳定入渗率 i_f 可由式（11.9）计算得出。根据实测值与模型回归计算值比较，检验不同坡向土壤入渗性能测量结果准确性与可靠性。

表 11.4 不同坡向土壤通用入渗模型回归比较

土地利用	坡向	回归方程 $i(t)=a+bt^{-n}$			决定系数 R^2
		a	b	n	
果园	阴坡	38.396	47.109	0.682	0.995
	阳坡	13.260	60.451	0.720	0.998
残茬地	阴坡	28.937	25.405	0.783	0.997
	阳坡	−26.017	70.049	0.639	0.989
油菜地	阴坡	−12.234	82.829	0.410	0.999
	阳坡	−6.856	65.180	0.619	0.991
林地	阴坡	−24.547	127.765	0.483	0.997
	阳坡	11.066	17.383	0.734	0.999
草地	阴坡	37.773	89.260	0.470	0.999
	阳坡	7.416	7.002	1.056	0.999

表 11.5 不同坡向土壤入渗模型（Philip）回归比较

土地利用	坡向	Philip 模型回归方程 $i(t)=a+bt^{-1/2}$		决定系数 R^2
		a	b	
果园	阴坡	−0.691	83.047	0.991
	阳坡	−50.519	118.847	0.992
残茬地	阴坡	−8.622	59.546	0.986
	阳坡	−67.940	108.799	0.986
油菜地	阴坡	11.576	60.211	0.997
	阳坡	−39.409	95.337	0.989
林地	阴坡	−17.046	120.702	0.997
	阳坡	−8.841	35.579	0.992
草地	阴坡	46.920	80.634	0.999
	阳坡	−22.967	33.835	0.960

$$t=1 时，\quad i_f = f(t) = a + bt^{-1/2} = a+b \tag{11.9}$$

图 11.17 所示为土壤稳定入渗率实测值与模型计算值比较。实测值与计算值转换系数为 1.04，具有较好的 1∶1 线性关系，说明土壤稳定入渗率实测值与模型计算值非常接近，不同坡向土壤入渗性能测量结果符合土壤通用入渗模型及 Philip 经验入渗模型变化规律。

11.2.2 不同坡位土壤入渗性能比较

1. 材料与方法

由于果园、作物地等农地受人为农业耕作扰动影响，土壤物理性质及入渗性能受坡位影响较小。因此，该研究通过选取坡面连续的林地和草地，测量土壤入渗性能随坡位

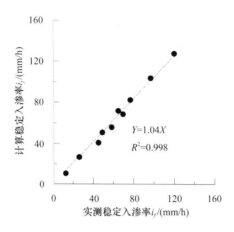

图 11.17　土壤稳定入渗率实测值与模型计算值比较

变化规律。试验过程中测量土壤容重及不同土层深度土壤含水率。土壤容重采用环刀法野外取土样，测量环刀内土壤含水率，计算土壤容重；不同深度土壤含水率通过野外采集土样，室内处理分析计算得出。野外采集土样过程中尽可能顺坡面采集，采集点处于同一坡面且相互之间保持一定坡面距离。

表 11.6 所示为不同坡位林地与草地土壤物理性质参数。土壤容重随坡位无明显变化规律，可能的原因是试验区域内林地与草地土壤容重普遍偏大，说明区域内林地与草地均受人工放牧的影响，地表遭受牛羊群踩踏压实，土壤容重受自然坡位分布影响不显著。对于区域内林地及草地，土壤含水率沿自然坡面下降，土壤含水率逐渐增加。说明随着坡位的下降，距离坡底位置越近，坡底土层储水相对坡顶更充足。主要是降雨后坡地上部土壤重力水垂直向下移动的同时，在一定条件下也会顺坡向向下移动，转化为坡中部、下部的土壤水，使这些部位的土壤水分条件得以改善，靠近坡底部位径流入渗时间及径流量相对大于坡顶部位。另外，靠近坡顶位置，受坡向影响越小，太阳直接照射时间相对越长，地表接受太阳辐射能量更多，空气湿度偏低，蒸发能力更强。因此，沿坡面方向，坡中部及下部土壤含水率相对大于坡上部位置。林地地表层土壤含水率明显大于草地，这是由于林地地表覆盖程度显著高于草地，地表受阳光直接照射强度小于草地，土壤水分蒸发能力明显小于草地。

表 11.6　不同坡位林地与草地土壤物理性质

土地利用方式	坡位	容重/(g/cm³)	土壤含水率/%		
			0～5 cm	10 cm	20 cm
草地	上	1.37	3.04	10.38	11.03
	中	1.40	3.23	11.12	11.65
	下	1.35	3.11	12.45	12.89
林地	上	1.38	4.56	11.32	12.33
	中	1.35	6.78	12.59	13.28
	下	1.33	7.89	14.26	14.67

2. 不同坡位土壤入渗性能比较

图 11.18 和图 11.19 所示分别为草地及林地不同坡位土壤入渗性能曲线。随着坡位的下降，土壤入渗性能依次表现为：坡上部>坡中部>坡下部。一方面是受土壤初始含水率影响，坡上部土壤含水率明显低于坡中及坡下部位（表 11.6），土壤含水率低水力梯度更大，有利于增加土壤水入渗；另一方面，不同坡位土壤团聚体结构分析结果表明，大于 0.25 mm 团聚体含量为坡上部>坡中部>坡下部，大于 0.25 mm 团聚体含量是土壤团聚体特性的重要评价参数，大于 0.25 mm 团聚体含量越高，土壤总孔隙度越高，土壤透水性能越好。

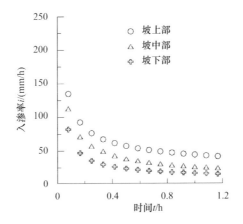

图 11.18　草地不同坡位土壤入渗性能曲线比较

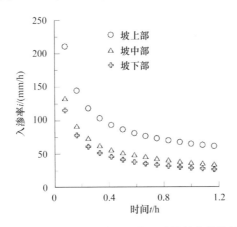

图 11.19　林地不同坡位土壤入渗性能曲线比较

草地及林地土壤入渗性能随着坡位下降呈现出降低趋势。除了受上述土壤含水率及团聚体结构物理特性影响外，雨滴击溅、径流冲刷、运移沉积等外营力对坡面的侵蚀扰动作用也是影响土壤入渗性能的重要因素。坡上部产生的径流挟沙而下，径流泥沙在坡面运移过程中发生沉积作用，堵塞土壤孔隙，并在表层形成一个致密层，显著降低土壤入渗性能，而径流泥沙在坡面下部沉积作用明显大于坡上及坡中部位。相比草地不同坡位土壤入渗性能变化幅度，林地坡上部位土壤入渗性能显著大于坡中及坡下部位，说明林地受降雨径流侵蚀作用小于草地，林地坡上部位受径流侵蚀作用影响小于坡中及坡下部位，这是由于林地林冠层具有降雨截留作用，相同降雨强度下地表径流量小于草地。

3. 不同坡位土壤入渗性能曲线回归比较

Kostiakov、Horton 和 Philip 是三种常见的经验入渗模型。表 11.7 所示为草地与林地不同坡位土壤入渗性能曲线模型回归结果。三种不同入渗模型回归决定系数 R^2 均在 0.9 以上，说明林地与草地不同坡位土壤入渗性能曲线符合入渗模型变化规律，随着坡位的下降，土壤入渗性能逐渐降低，模型参数随着坡位的变化呈规律性变化。

表 11.7　不同坡位土壤入渗曲线模型回归比较

土地利用	坡位	Kostiakov 模型 $i=at^n$			Horton 模型 $i=a+be^{-nt}$				Philip 模型 $i=a+bt^{-1/2}$		
		a	n	R^2	a	b	n	R^2	a	b	R^2
草地	上	43.500	−0.430	0.994	45.741	136.894	5.656	0.984	−7.433	71.596	0.996
	中	26.074	−0.576	0.998	27.497	129.573	5.595	0.984	−8.858	68.166	0.995
	下	16.051	−0.612	0.989	18.174	116.375	7.493	0.984	−10.473	50.201	0.974
林地	上	64.042	−0.460	0.996	67.040	218.555	5.495	0.986	−5.456	116.101	0.997
	中	37.069	−0.505	0.999	38.447	140.619	5.232	0.987	−1.628	76.702	0.999
	下	28.578	−0.553	0.999	29.791	129.357	5.392	0.990	−6.737	69.310	0.998

11.2.3　结论

（1）林地与草地阴坡直径大于 0.25 mm 土壤团聚体含量明显大于阳坡，林地和草地阴坡大于 0.25 mm 土壤团聚体破坏率明显低于阳坡。说明受过度放牧影响的阳坡林草地土壤团聚体破坏程度明显大于未受放牧影响的阴坡林草地。不同坡向农地包括果园、残茬地和油菜地，大于 0.25 mm 团聚体含量差异不明显，说明农地土壤团聚体结构特性主要受农业耕作方式及强度的影响，受坡位影响不显著。

（2）果园、油菜地和残茬地阳坡土壤初始入渗率均大于阴坡，而稳定入渗率非常接近。由于残茬地地表覆盖程度低，坡向对土壤初始含水率影响显著，残茬地阳坡土壤初始入渗率显著高于阴坡。不同坡向果园、油菜地和残茬地稳定入渗率差异不显著，由于果园、油菜地和残茬地作为农业用地，无论地处阴坡还是阳坡都受人类农业生产活动影响，破坏土壤的团聚体结构，降低土壤稳定入渗性能均。对于林地和草地，无论是土壤初始入渗率还是稳定入渗率，阴坡土壤入渗性能均远远大于阳坡。林地及草地阴坡土壤水分状况优于阳坡，有利于林地及草地生长，同时阴坡受人为放牧影响相对阳坡小。通过不同坡向土壤入渗率数值回归比较，坡向对林草地入渗性能的影响大于农地，并且坡向对林地土壤入渗性能的影响大于草地。农地中坡向对残茬地的影响最显著，残茬地阳坡土壤平均入渗性能约为阴坡的两倍。

（3）林地和草地随着坡位的下降，土壤含水率逐渐增加，靠近坡底部位径流入渗时间及径流量相对大于坡顶部位，并且靠近坡顶位置，受坡向影响越小，太阳直接照射时间相对越长，地表接受太阳辐射能量更多，空气湿度偏低，蒸发能力更强。

（4）林地与草地大于 0.25 mm 土壤团聚体含量逐渐减少（坡上部>坡中部>坡下部）。由于坡面径流携细小泥沙颗粒沿坡面运移沉积，坡上部位大于 0.25 mm 团聚体含量相对更大，而坡下部位由于土壤水分条件较好，有利于黄土高原干旱地区林草生长，通常坡底及沟谷地带放牧强度大于坡上部位，导致坡下部位土壤团聚体破坏强度明显大于坡上部位。林地与草地不同坡位大于 0.25 mm 水稳性团聚体含量湿筛结果比较表明，土壤中大于 0.25 mm 团聚体所占比例随着坡位下降呈减少的趋势，对团聚体水稳性状况没有影响。

（5）草地及林地不同坡位土壤入渗性能曲线比较得出，随着坡位的下降，土壤入渗性能依次表现为：坡上部>坡中部>坡下部。一方面受土壤初始含水率影响，坡上部土壤含水率依次低于坡中及坡下部位，土壤含水率低水力梯度大，有利于增加土壤水入渗。其次林地与草地大于 0.25 mm 团聚体含量依次表现为：坡上部>坡中部>坡下部，大于 0.25 mm 团聚体含量越高，土壤总孔隙度越高，土壤透水性能越好。另一方面坡上部产生的径流挟沙而下，泥沙在坡面运移过程中发生沉积作用，细小泥沙颗粒堵塞土壤孔隙，并在表层形成一个致密层，显著降低土壤入渗性能，并且泥沙在坡面下部沉积作用依次大于坡中及坡上部位。并且由于林地林冠层具有降雨截留作用，相同降雨强度下地表径流量小于草地，林地不同坡位土壤入渗性能受降雨径流侵蚀作用小于草地，相比草地不同坡位土壤入渗性能变化幅度，林地坡上部位土壤入渗性能显著大于坡中及坡下部位。

11.3 水质对盐碱土入渗性能的影响

11.3.1 试验材料和方法

1. 试验材料

试验土壤为内蒙古河套灌区的中度盐碱土，沙粒（$d \geq 0.02$ mm）占 58%（质量分数）、粉粒（0.02 mm$>d \geq 0.002$ mm）占 28%、黏粒（$d<0.002$ mm）占 14%，初始质量含水率为 1.7%，按照国际土壤质地分类标准试验土壤为砂壤土。

试验用水由无水 NaCl 和无水 $CaCl_2$ 配制而成，根据矿化度进行分类，本试验所用的 4 种灌溉水涉及 3 种类型的水质：淡水（蒸馏水）、微咸水 [钠吸附比 SAR=5（mmol/L）$^{0.5}$，电导率 EC 分别为 2.5、5 ds/m]、咸水 [SAR=5（mmol/L）$^{0.5}$，EC=10 ds/m]。不同灌溉水中添加剂的质量浓度见表 11.8。

2. 试验装置

试验装置包括试验土柱和土壤入渗自动测量装置。向高 21 cm、内径 19 cm 的有机玻璃柱中装入试验土壤构成试验土柱，土柱底部开口，顶部 1 cm 处留有溢流出水口。土壤入渗自动测量装置由工业数码相机和装有特定软件的笔记本电脑组成，相机的最大变焦倍数为 4 倍，分辨率为 2000×2000。数码相机用来记录土表湿润面积随时间的变化过程，计算机用来存储实验数据并进行数据分析和计算。两个电子秤分别用来记录马氏瓶的供水量和溢水口处的排水量，精度分别为 1.0 g 和 0.1 g。

表 11.8　不同灌溉水中添加剂的质量浓度

灌溉水质	质量浓度 ρ/(mg/L)	
	NaCl	CaCl$_2$
水质 1	0	0
水质 2	731.250	693.750
水质 3	1 141.885	1 691.673
水质 4	1 734.731	3 904.230

注：水质 1 为蒸馏水，水质 2、水质 3 和水质 4 的电导率分别为 2.5、5、10 ds/m；水质 2、水质 3 和水质 4 的钠吸附比相同，即 SAR=5 (mmol/L)$^{0.5}$。

3. 试验方法

试验土壤经风干、除杂、碾压后过 2 mm 的筛，将其混合均匀后按照设定容重 1.35 g/cm^3 分层均匀装入有机玻璃柱，每 5 cm 为 1 层，装土高度为 20 cm。装土前先在土柱底部铺好脱脂纱布，防止土粒流失并保持透气性。试验土柱填装完成后，调整供水马氏瓶发泡点距离土柱表层土壤的高度来确定供水流量，把供水针头固定在土柱顶部溢流出水口的对侧，以点源入渗方式向土柱灌水。试验开始后，用直尺和秒表分别记录湿润锋的位置及相应的时间，同时用电子秤记录马氏瓶的供水量。土柱表层土壤全部湿润之前，采用土壤入渗性能自动测量装置测量土壤的初始入渗率；土柱表层土壤全部湿润之后，记录马氏瓶供水量和对应时段内土柱溢水口的出水量，二者之差即为该时段内的入渗水量。当实验进行 4 h 时，土壤入渗率基本达到稳定入渗率，此时停止供水，结束实验。每种水质处理进行 2 次重复试验，2 次重复试验结果基本一致，因此取 2 次试验的平均值为最终的试验结果。

11.3.2　不同灌溉水质对土壤入渗率的影响

咸水与微咸水中含有一定的盐离子，当这些盐离子进入土壤以后会与土壤胶体颗粒和土壤中原有的化学离子发生反应，改变土壤的孔隙分布特征及土壤结构特性，从而影响土壤的入渗特性。

点源入流条件下，由土壤入渗自动测量装置测得的土壤初期入渗率见图 11.20。当电导率较低时，即灌溉水的矿化度较低时（水质 1、水质 2），土壤初期入渗率较低，且 2 种水质初期入渗率相差不大。当电导率较高时（水质 3、水质 4），土壤的初期入渗率明显增大，且 2 种高电导水质的入渗率相差不大。当土柱表层土壤全部湿润之后，应用马氏瓶出水量与土柱溢水口的溢流量来计算土壤入渗率，将计算结果与自动测量装置的测量结果作出入渗曲线图（图 11.20）。可以看出，水质的电导率越高，土壤的入渗率就越大。与蒸馏水相比，相同入渗历时内 3 种不同浓度含盐水的入渗率都有所提高，且灌溉水的电导率越高，土壤的稳定入渗率越大。实验结束时，用水质 1 灌溉的土柱土壤稳定入渗率为 1.5 mm/h，而用水质 4 灌溉的土柱土壤稳定入渗率达到 6.5 mm/h，为水质 1 的 4.3 倍。

上述结果表明，水质可以明显影响土壤的入渗性能。灌溉水盐分含量过低可能引起土壤黏粒分散，导致土壤导水率降低（肖振华和万洪福，1998）。而灌溉水中较高的盐分含量可以改善土壤团粒结构，提高土壤的导水率，但导水率提高的速率随盐分含量的增加而逐渐减弱。

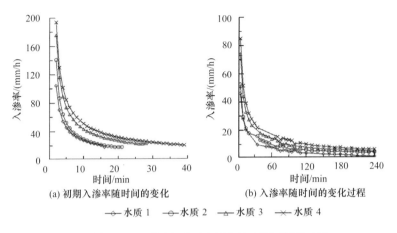

图 11.20 不同水质下土壤入渗率随时间的变化

11.3.3 不同灌溉水质对土壤湿润锋的影响

为便于研究入渗问题，根据入渗过程中土壤含水率分布的不同，可以将土壤剖面划分为 4 个区：饱和区、含水率有明显降落的过渡区、含水率变化不大的传导区和含水率迅速减少至初始值的湿润区（雷志栋，1988）。湿润锋是湿土与干土的界面，它的运移可以反映土壤中水分的运动情况。

湿润锋最大垂直湿润深度随时间的变化情况如图 11.21 所示。可以看出，在入渗初期，4 种灌溉水湿润锋最大垂直湿润深度推进速度较快，这是因为在供水流速一定即供水水头一定的情况下，灌溉开始时刻土壤的初始含水率很低（1.7%），土壤基质势很小而土壤吸力很大，所以在开始时刻湿润锋推进速度很快。同一灌溉历时下，4 种灌溉水湿润锋最大垂直湿润深度由大到小为：水质 4、水质 3、水质 2、水质 1。随着灌溉时间的推移，点源出水口附近的土壤吸收水分使土壤含水率逐渐增加，土壤的基质势逐渐增加，土壤吸力变小，湿润锋推进的速度逐渐降低。

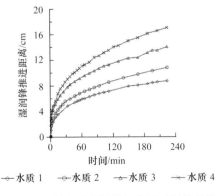

图 11.21 最大垂直湿润深度随时间的变化

试验结束时，用水质 4 进行灌溉的土柱，其土壤湿润锋最大垂直湿润深度达到 18.2 cm；用水质 3 灌溉的土柱，其土壤湿润锋最大垂直湿润深度为 15.0 cm；用水质 2 灌溉的土柱，其土壤湿润锋最大垂直湿润深度也能够达到 10 cm 以上，为 12.5 cm；而用水质 1 灌溉的土柱，其土壤湿润锋最大垂直湿润深度只有 9.3 cm。在钠吸附比一定的情况下，相同入渗历时内湿润锋最大垂直湿润深度随灌溉水盐分浓度的增加而增加。这是因为土壤水的溶质势与灌溉水的盐分浓度成反比（雷志栋等，1998），盐分浓度越大，溶质势越小，则溶质吸力越大，因此较大的盐分浓度有利于增加湿润锋的运移速度。

11.3.4 不同灌溉水质对土壤累积入渗量的影响

累积入渗量是描述入渗特征的常用指标，常用入渗水深表示土壤的累积入渗量。为对比不同水质对土壤水分入渗的影响，分别介绍了点源入流条件下 4 种灌溉水质土壤累积入渗量的变化情况（图 11.22）。从图可以看出，不同水质处理下，累积入渗量随时间的变化曲线走势基本相同，即累积入渗量随时间的延长而逐渐增加，且增加的速度逐渐减弱，与湿润锋的变化规律基本一致。入渗初期，4 种水质的土壤累积入渗量增加很快，累积入渗量与时间的关系可以用幂函数来表示。随着入渗历时的延长，入渗趋于稳定，累积入渗量增加缓慢，此时累积入渗量与时间近似用一次函数来表示。在点源入流条件下，3 种不同矿化度灌溉水的累积入渗量都大于蒸馏水的累积入渗量。与水质 1 相比，水质 2 提高土壤累积入渗量的效果不是很明显，水质 3 能够显著提高土壤的累积入渗量，当电导率超过 5 ds/m 时，提高土壤累积入渗量的速率减慢。这主要是因为土壤溶液中的钙离子有利于形成土壤的团粒结构从而改善透水性，而土壤溶液中的钠离子含量过高将置换出土壤中一部分钙镁离子，引起土壤团粒分散和膨胀从而降低土壤的透水性，因此当钠吸附比一定时（SAR=5），累积入渗量随水质电导率的增加而增大。

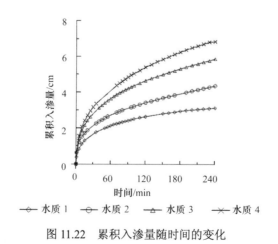

图 11.22 累积入渗量随时间的变化

连续入渗 4 h 后，4 种水质的总累积入渗量存在很大差异。试验结束时，4 种水质的总灌水量分别为 1928.7 mL（水质 4）、1608.7 mL（水质 3）、1281.3 mL（水质 2）、1000.1 mL（水质 1）。与蒸馏水相比，3 种不同含盐量灌溉水的累积入渗量分别提高了 92.9%、

60.9%、28.1%（图 11.23）。从累积入渗量看，灌溉水的含盐量越高，相同入渗历时内土壤的累积入渗量就越大，这是因为随着灌溉水盐分浓度的增加，有利于土壤团聚体的形成，增加土壤水分的入渗。

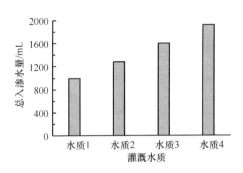

图 11.23 4 种水质的总入渗水量

11.4 流量和容重对入渗的影响

11.4.1 试验材料与方法

1. 试验材料与设备

本试验采用室内模拟试验，供试土壤为粉壤土（黏粒占 15.0%，粉粒占 50.2%，沙粒占 34.8%）。测量系统由供水装置、点源布水器、测量区域控制环、数码照相机、电子秤、标定板、可调节的三脚支架和测控计算机组成。其中，测量区域控制环为直径 20 cm、高 20 cm 的有机玻璃圆环，其环顶部设计排水管，环底部边缘做成刃口。

2. 试验方法与步骤

试验时，在测量区控制环底部铺设一层 5 cm 厚的石子，以确保环底部为透水透气性能良好的透水边界。土样风干后过 5 mm 筛，并测定土样初始含水率。通过计算配以体积含水量为 5 %的初始含水量，并分别按容重 1.2 g/cm³、1.3 g/cm³ 和 1.4 g/cm³ 进行填土。每次装土以 5 cm 为单位分层装入，每装入一层土，先将其表面用工具打毛，以避免上下土层之间出现结构和水动力学特性突变等不必要的内边界。装土深度为 15 cm。

试验设置 3 个流量，分别为 1.1 L/h、2.16 L/h 和 3.21 L/h。通过调节供水马氏瓶进气口与出水口的距离，实现 3 种供水流量 q' 的标定，使其达到设计值。每个容重对应 3 种流量，每次试验进行 2 次重复。

将点源布水器置于圆环内土壤表面的最上方。用标定板对试验区域进行标定后，将调节好流量的供水管出水口置于布水器上方开始试验，并立即记录试验开始的时刻。试验过程前期，由计算机自动控制数码相机拍摄土壤表面湿润过程，对于流量为 1.1 L/h 的情况，将拍摄时间间隔设置为 2 min，对于流量为 2.16 L/h 和 3.21 L/h 的情况，将拍摄时间间隔设置为 1 min，自动测量系统测量时间一直持续到环内土壤表面完全湿润时即可结束。该阶段内，相机记录下了给定时刻水流在圆环内湿润的地表图像，根据地表湿润面积随时间推进的过程，利用计算机软件实现土壤入渗率的自动计算。当环内地表完全被湿润时，经过一段时间之后，供入入渗环的水一部分在环内土壤表面入渗，一部分水开始由溢流口流出入渗环。此时开始，每 2 min 记录一次供水流量、上表面溢流口出流的水量以及因土壤逐渐趋于饱和时从环下端渗出的水量，并计算得到时段内的净入渗水流流量，由此计算入渗率。

11.4.2 供水流量对入渗率的影响

不同供水流量下土壤入渗率随时间变化的曲线如图 11.24 所示，分别对应 1.2 g/cm³、1.3 g/cm³、1.4 g/cm³ 的土壤容重。图 11.24 表明，在初始入渗阶段，供水流量越大，土

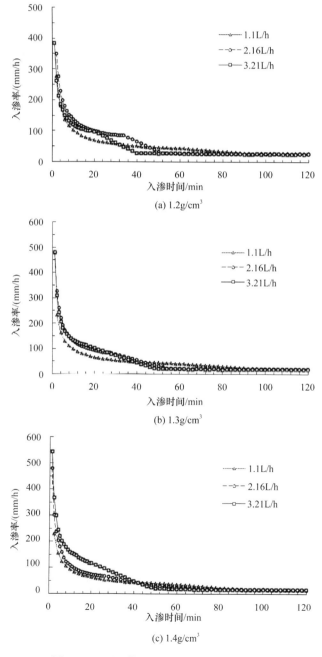

图 11.24　不同供水流量下的土壤入渗过程线

壤的入渗率越大，尤其表现在容重为 1.4 g/cm³的土壤。这是由于初始入渗阶段，土壤初始含水量较低，具有较强的入渗能力，此时，入渗率由供水流量控制，在一定范围内，流量越大，代表供水越充分，相应的入渗率也越大。随着时间的推移，土壤入渗率逐渐趋于稳定。图 11.24 还表明，对于同一种容重的土壤，不同供水流量下得到的稳定入渗率结果一致，即稳定时土壤入渗性能曲线基本重合。可认为，在一定的流量范围内供水流量对土壤稳定入渗率的测定影响不大。因此，在一定范围内，供水流量越大，测得的土壤初始入渗率越大，但流量对稳定入渗率的测定则无明显影响。

11.4.3 土壤容重对入渗率的影响

为了能直观地观察土壤容重对稳定入渗率的影响，3 种不同供水流量下（1.1 L/h、2.16 L/h、3.21 L/h）土壤容重与稳定入渗率的关系用图 11.25 表示。可以看出，对于初始含水量相同的同一种质地均匀的土壤，在给定的供水流量下，容重为 1.2 g/cm³的土壤具有最大的稳定入渗率（均值 25.95 mm/h），容重为 1.3 g/cm³的土壤的稳定入渗率次之（均值 20.10 mm/h），容重为 1.4 g/cm³的土壤的稳定入渗率最小（均值 16.23 mm/h）。在 1.1 L/h、2.16 L/h 和 3.21 L/h 的供水流量下，稳定入渗率与土壤容重呈显著的对数负相关，相关方程分别为：$y = -71.41\ln(x) + 40.041$（$\alpha = 0.05$，$R^2 = 0.9985$），$y = -58.11\ln(x) + 35.709$（$\alpha = 0.05$，$R^2 = 0.9967$）和 $y = -60.05\ln(x) + 35.898$（$\alpha = 0.05$，$R^2 = 0.9615$）。由此可以得出：在一定范围内，土壤容重越大，对应的稳定入渗率越小。

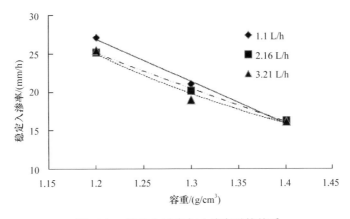

图 11.25　稳定入渗率与土壤容重的关系

11.4.4 土壤容重对累积入渗量的影响

累积入渗量是入渗开始后一定时间内，通过地表单位面积入渗到土壤中的总水量，是入渗率关于时间的积分。容重影响土壤入渗率，也必定影响累积入渗量。图 11.26 所示为在 2.16 L/h 的供水流量下不同容重土壤对累积入渗量的影响。可以看出，累积入渗量随时间的延长逐渐增加，在入渗后期，对应于同一入渗时间，随着土壤容重的增大，累积入渗量减少。

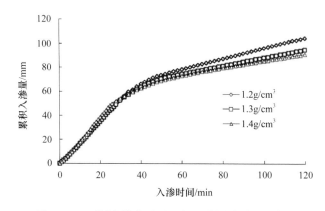

图 11.26　不同土壤容重下累积入渗量随时间的变化

11.5　矿区排土场人工草地土壤水分及入渗特征效应

中国是世界最大的煤炭生产国和消费国。长期的采矿活动尤其是露天煤矿开采会显著恶化陆地生态系统（Vitousek et al., 1997），引起严重的土地退化现象。露天煤矿开采形成许多排土场，不仅破坏地表景观、占用大量土地，而且影响动植物的生境，对生态环境构成严重威胁，使各类环境问题日趋严重。因此，排土场新土体的生态恢复和利用已成为世界各国关注的焦点，其中土地复垦和植被生态恢复是矿区排土场新土体恢复和利用的主要方式。但土壤水分的维系是影响排土场新土体植被建设及生态恢复可持续发展的一个关键科学问题。

在干旱半干旱地区进行植被恢复和生态建设最主要的制约因素就是土壤水分（王金满等，2013），天然降雨是该区人工植被土壤水分的主要来源（杨磊等，2011）。然而人工植被地上生物量的超载引起土壤含水量显著低于自然植被，造成土壤水分亏缺，植被退化，严重影响到区域植被恢复的可持续发展（张志南等，2014）。姚敏娟（2007）研究了黑岱沟露天矿排土场 9 种植被配置对土壤水分的影响，发现自然植被土壤水分利用深度大于人工植被，生长季人工植被均存在土壤水分亏缺的现象。不同植被恢复类型和恢复模式对土壤理化性质（王金满等，2013），尤其是对土壤水分和入渗的影响不同（霍小鹏等，2009），这些变化又会影响到植被恢复过程（潘德成等，2014），直接决定植被恢复的效果。王丽等（2010）研究了不同植被恢复模式对土壤的影响，发现植被恢复可以明显改善土壤质量，提高土壤持蓄和调节水分的潜在能力。赵洋毅和段旭（2014）研究发现草灌植被模式的土壤稳渗率、平均渗透速率和渗透总量均优于其他模式。孙建等（2010）也发现混交种植比单植更有利于土壤水分状况的维持。因此研究不同植被恢复模式下植被群落地上生物量、土壤水分及入渗特征的变化和关系，在一定意义上可为人工植被建设和生态恢复提供一定的理论依据（苏嫄等，2012）。

11.5.1　材料与方法

1. 研究区概况

试验地布设在永利露天煤矿排土场，位于内蒙古自治区鄂尔多斯市准格尔旗，海拔

1026～1304 m。地理坐标北纬 39°41′52″，东经 110°16′30″。矿区气候属于中温带半干旱大陆性气候，年平均温度 7.2 ℃，极端最高温度 38.3 ℃，极端最低温度–30.9 ℃，≥10 ℃年积温 3350 ℃。一般结冰日期为 10 月下旬至翌年 4 月下旬，最大冻土深度为 1490 mm。年总降水量为 231～459.5 mm，平均降水量为 404.1 mm，多集中在 7～9 月，占全年降雨的 80 %。年蒸发量为 2082.2 mm，日照 3119.3 h。冬春气候寒冷干燥多大风，夏季雨量集中，秋季凉爽、短促。地表覆盖物稀少、植被覆盖率较低，因此水土流失严重，整理后的排土场平地内土壤均为复填土，土层厚度不足 50 cm，土层下方多煤矸石和石块，由于排土车辆碾压而非常紧实。矿区内地带性植被属暖温型草原带，植被稀疏低矮，盖度一般在 30%以下。研究区内以人工植被为主。主要物种为铁杆蒿（*Artemisia sacrorum*）、针茅（*Stipa capillata*）、沙蒿（*Artemisia desterorum*）、胡枝子（*Lespedeza bicolor*）等草本植物。

试验样地布设在排土场平地上，共 60 个小区，小区面积 15 m² （3 m × 5 m）。每 6 个小区为一个处理的重复，共计 10 个处理。选择紫花苜蓿（*Medicago sativa*）、沙打旺（*Astragalus adsurgens*）、蒙古冰草（*Agropyron mongolicum*）、达乌里胡枝子（*Lespedeza davurica*）、无芒雀麦（*Bromus inermis*）、沙蒿（*Artemisia desertorum*）、花棒（*Hedysarum scoparium*）和杨柴（*Hedysarum mongolicum*）进行种植，不同人工草地小区具体分布见表 11.9。每个小区种植密度基本一致，均采用条播，行距保持一致。紫花苜蓿、沙打旺、达乌里胡枝子、杨柴、蒙古冰草、无芒雀麦和花棒每个小区播种量为 1.0 kg，冰草+沙蒿、沙打旺+沙蒿和紫花苜蓿+无芒雀麦每个小区为 1.0 kg，其中沙蒿和无芒雀麦为 0.5 kg。因为研究区土壤贫瘠干燥，本次试验播种量较大。一方面保证出苗率，另一方面提高种群密度，快速覆盖地表。

表 11.9 不同人工草地小区分布

处理	1	2	3	4	5	6
1	A	D	DK	B	E	CK
2	B	E	CK	C	F	AF
3	C	F	AF	D	G	A
4	D	G	A	E	DK	B
5	E	DK	B	CK	B	F
6	F	CK	C	G	AF	D
7	G	AF	D	DK	A	E
8	DK	A	E	F	CK	C
9	CK	B	F	AF	C	G
10	AF	C	G	A	D	DK

注：A 紫花苜蓿，B 达乌里胡枝子，C 沙打旺，D 蒙古冰草，E 花棒，F 无芒雀麦，G 杨柴，DK 冰草+沙蒿，CK 沙打旺+沙蒿，AF 紫花苜蓿+无芒雀麦

（第 4 行第 4 列为"保护行"）

2. 测定项目与方法

1）地上生物量

在 2014 年 7 月和 10 月进行野外采样工作，在每个小区内随机布设 2 个 50 cm × 50 cm

的样方,调查样方内所有草本植物的总盖度和活体生物量。然后将活体生物量在 65 ℃ 烘干至恒重。

2)土壤水分和容重

用直径为 6 cm 的土钻在取过活体生物量的样方内按 0~10 cm、10~20 cm、20~30 cm 土层取土样,每层取 3 钻,混合均匀后装入自封袋中称取鲜重,带回实验室采用烘干法测量土壤含水量。土壤容重采用环刀法在各样地分 3 层 0~10 cm、10~20 cm、20~30 cm 土层取环刀样,每层 5 个重复。

3)土壤水分入渗

采用土壤入渗性能自动测量系统测量不同人工草地的土壤入渗率。测量系统在计算机控制下,自动获取地表湿润面积随时间的变化过程,然后采用数值算法计算土壤入渗性能。数值算法模型计算得到不同时间的入渗率计算公式如下:

$$i_n = \frac{q - \sum_{j=1}^{n-1} i_j \Delta A_{n-j+1}}{\Delta A_n} \quad (n=1, 2, 3 \cdots) \tag{11.10}$$

式中,q 为供水流量,L/h;本次试验依据孙蓓的研究设定供水流量为 2 L/h;i_n 为 t_n 时刻对应的土壤入渗率,mm/h;ΔA_n 为时段(t_n–t_{n-1})地表增加的湿润面积,mm^2(孙蓓等,2013)。

运用入渗经验模型 Kostiakov 模型对不同人工草地土壤入渗率和入渗时间进行拟合,Kostiakov 模型如下:

$$Y = ax^{-b} \tag{11.11}$$

式中,Y 为入渗率,mm/h;x 为土壤入渗时间,h;a、b 为试验求得的参数。

3. 数据分析

用 Sigmplot12.5 软件作图,用 SPSS16.0 进行不同人工草地地上生物量和土壤含水量差异显著性检验以及生物量和土壤水分的相关性分析。

11.5.2 结果与分析

1. 不同人工草地地上生物量

7 月份,地上生物量沙打旺+沙蒿草地最高,地上生物量最低的是达乌里胡枝子草地。沙打旺+沙蒿草地和冰草+沙蒿草地的地上生物量分别比沙打旺和蒙古冰草单播的草地高 53.5 % 和 47.9 %。紫花苜蓿和无芒雀麦单播草地的地上生物量分别比混播的草地高 13.4 % 和 18.9 %。10 月份,地上生物量最高的是沙打旺+沙蒿草地,最低的是花棒草地。沙打旺+沙蒿和冰草+沙蒿混播的草地地上生物量高于沙打旺和蒙古冰草单播草地。紫花苜蓿和无芒雀麦单播的草地地上生物量比混播草地的地上生物量分别低 7.6% 和 13.0%。7 月份的各草地地上生物量均高于 10 月份的地上生物量,方差分析显示,不同草地群落之间 7 月份地上生物量($F=7.13, p<0.01$)和 10 月份地上生物量($F=2.36, p=0.03$)差异显著(表 11.10)。

表 11.10　不同人工草地地上生物量

人工草地类型	7月份地上生物量/（g/m²）	10月份地上生物量/（g/m²）
冰草+沙蒿	893.62 ±9109.44 bc	438.41 ±357.61 abc
达乌里胡枝子	516.82 ±177.13 a	367.65 ±6108.21 ab
花棒	961.68 ±686.05 cd	250.05 ±561.11 a
蒙古冰草	604.29 ±088.79 a	311.28 ±1121.12 ab
沙打旺	772.02 ±785.52 abc	551.78 ±5132.93 bc
沙打旺+沙蒿	1185.00 ±192.66 d	702.47 ±076.43 c
无芒雀麦	622.70 ±261.40 a	330.30 ±383.94 ab
杨柴	688.45 ±867.41 ab	292.96 ±949.10 ab
紫花苜蓿	594.18±59.27a	350.92 ±588.23 ab
紫花苜蓿+无芒雀麦	523.81 ±265.60 a	379.61 ±765.68 ab

注：表中数据表示平均值±标准误，同列不同小写字母表示不同人工草地类型在5%水平上差异显著

2. 不同人工草地土壤含水量

如图 11.27 所示，7月份不同人工草地 0～10 cm 层之间土壤含水量无显著差异（$F=1.15$，$p=0.336$），冰草+沙蒿草地（14.65%）和花棒草地（14.50%）土壤含水量较高，紫花苜蓿草地（11.94%）最低；冰草+沙蒿混播草地 0～10 cm 层土壤含水量（14.65%）比蒙古冰草（13.65%）单播草地高 7.3 %。10～20 cm 层间土壤含水量差异不显著（$F=1.48$，$p=0.166$），20～30 cm 层间土壤含水量差异显著（$F=2.477$，$p=0.014$）。花棒草地（19.75 %）最高，沙打旺+沙蒿草地（14.92 %）最低。10月份不同人工草地 0～10 cm 层之间土壤含水量存在显著差异（$F=2.179$，$p=0.026$），0～10 cm 层土壤含水量达乌里胡枝子草地（20.41 %）最高，紫花苜蓿+无芒雀麦草地（16.00 %）最低。沙打旺+沙蒿草地 0～10 cm 层土壤含水量

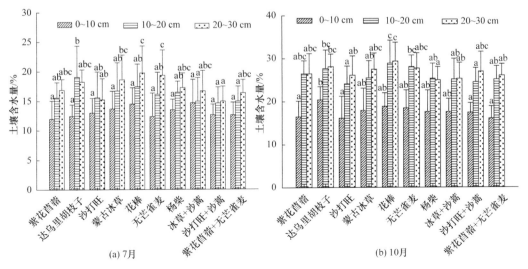

图 11.27　不同人工草地 7 月份和 10 月份土壤水分含量

图中数据表示平均值±标准误，其中不同字母表示在 0.05 水平差异显著

（17.35 %）比沙打旺草地（16.07 %）高 8.0 %。不同人工草地 10~20 cm（F=3.07, p=0.002）和 20~30 cm 层土壤含水量差异显著（F=2.181，p=0.026），20~30 cm 层土壤含水量花棒草地最高，沙打旺+沙蒿草地（14.92 %）和冰草+沙蒿草地的土壤含水量（16.67 %）略微低于沙打旺（15.23 %）和蒙古冰草（18.62 %）单播的草地（图 11.27）。

3. 人工草地地上生物量和土壤水分的关系

草地地上生物量对土壤水分的变化存在时滞效应，因此我们采用各层土壤平均含水量的累加值分析草地地上生物量和土壤水分的关系（张娜和梁一民，2002）。相关性分析结果表明，不同人工草地地上生物量和土壤水分基本呈负相关（表 11.11），不同层土壤含水量和地上生物量相关性不一致。如沙打旺+沙蒿和冰草+沙蒿草地的土壤水分和地上生物量的相关系数分别为 0.55 和–0.65，而沙打旺和蒙古冰草草地的土壤水分和地上生物量的相关系数分别为–0.93 和–0.79。不同人工草地上层 0~10 cm 土壤含水量与地上生物量的相关性基本高于 20~30 cm 层土壤含水量与地上生物量的相关性，如沙打旺和蒙古冰草草地的地上生物量和 0~10 cm 层的土壤含水量显著相关（p<0.05），同 20~30 cm 层土壤含水量的相关性减弱。从不同草地 0~30 cm 层土壤水分含量和地上生物量的相关分析可以看出，不同草地不同土层含水量对地上生物量的贡献不同，沙打旺和蒙古冰草草地地上生物量主要受 10~20 cm 层土壤水分影响，紫花苜蓿+无芒雀麦草地是 0~10 cm，冰草+沙蒿草地是 10~20 cm。

表 11.11　不同人工草地地上生物量和土壤含水量相关性分析

草地类型	生物量与土壤含水量相关系数			
	平均	10 cm	20 cm	30 cm
紫花苜蓿	0.387	0.428	0.441	0.301
达乌里胡枝子	–0.266	–0.239	–0.208	–0.213
沙打旺	–0.930**	–0.905*	–0.858*	–0.753
蒙古冰草	–0.788	–0.848*	–0.65	–0.616
花棒	–0.432	–0.577	0.084	–0.585
无芒雀麦	–0.526	–0.349	–0.416	–0.726
杨柴	0.069	0.013	0.194	0.008
冰草+沙蒿	–0.651	–0.643	–0.774	–0.342
沙打旺+沙蒿	0.550	0.404	0.502	0.567
紫花苜蓿+无芒雀麦	–0.474	–0.853*	–0.298	–0.057

* 表示在 0.05 水平上差异显著；** 表示在 0.01 水平上差异显著

4. 不同人工草地土壤入渗性能分析

不同人工草地土壤入渗速率不同，初始入渗速率最高的是冰草+沙蒿草地，最低的是沙打旺草地，稳定入渗速率最高的是杨柴草地，最低的是无芒雀麦和沙打旺草地。草灌混播样地的初始入渗速率高于单一草种的样地（表 11.12），如：冰草+沙蒿样地的初始入渗速率比蒙古冰草样地高 26.4 %，沙打旺+沙蒿样地的初始入渗速率比沙打旺样地高 96.3 %。

表 11.12　不同人工草地土壤入渗速率及 Kostiakov 模型拟合结果

人工草地类型	初始入渗速率/(mm/h)	稳定入渗速率/(mm/h)	Kostiakov 模型	R^2
冰草+沙蒿	126.00±2.0	5.50±1.5	$i=229.20x^{-0.80}$	0.9879
达乌里胡枝子	78.50±10.5	6.00±0.1	$i=166.85x^{-0.79}$	0.9889
花棒	74.50±7.5	7.00±0.1	$i=141.02x^{-0.67}$	0.9923
蒙古冰草	99.67±25.1	8.33±1.2	$i=266.02x^{-0.78}$	0.9887
沙打旺	53.50±6.5	5.00±3.0	$i=100.28x^{-0.60}$	0.9944
沙打旺+沙蒿	105.00±2.0	6.50±1.5	$i=187.71x^{-0.71}$	0.991
无芒雀麦	83.67±9.3	5.00±1.5	$i=118.93x^{-0.65}$	0.9927
杨柴	80.00±10.0	9.50±2.5	$i=113.97x^{-0.52}$	0.996
紫花苜蓿	90.67±28.9	6.67±0.7	$i=125.58x^{-0.68}$	0.992
紫花苜蓿+无芒雀麦	74.67±4.8	6.67±1.9	$i=114.78x^{-0.62}$	0.9937

注：表中数据表示平均值±标准误

运用 Kostiakov 模型对不同人工草地类型土壤入渗率和入渗时间进行回归分析（图 11.28），回归方程的拟合度 R^2 达 99 %，说明方程拟合效果较好，Kostiakov 模型适合描述本研究中各人工草地类型的土壤入渗过程。结果表明，不同人工草地土壤入渗速率和入渗时间之间存在良好的幂函数关系，整个入渗过程基本可以分为三个阶段：0～12 min 为入渗率急剧变化阶段，12～42 min 为入渗速率缓慢变化阶段，42 min 后逐渐达到稳定入渗阶段。这与李广文（2014）报道的草地土壤入渗过程相符。

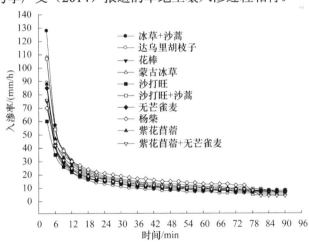

图 11.28　不同人工草地土壤入渗速率随时间变化

11.5.3　讨论

生物量作为生态系统中积累的植物有机物总量，是整个生态系统运行的能量基础和营养物质来源。生物量的高低变化，可以反映不同植物群落利用自然的能力。生物量的差异受气候、水热因子变化的影响。因此，了解生物量的变化，对于因地制宜地进行植被恢复规划与决策具有重要意义。由于受低温的影响，研究区草地返青较晚，地上生物量从牧草返青开始积累，并随着植物生长发育节律、气温的回升和降水的增加逐步增加，在7月初草地群落进入生长旺盛期，以此时的生物量作为净初级生产量比较合适。生长高峰期过后，随着气温下降，草地群落植物的叶片开始枯萎，光合作用随之减弱，植物体不断衰老，营养物质不断流失并向根系转移，导致地上生物量减少。同时各草地群落种类组成不同，其物质积累和消耗过程不尽相同。灌丛草地和草灌混播草地的地上生物量比单一牧草草地高（表11.10），这与张国荣和戴秀章（1991）在北方半干旱黄土丘陵区复合型草灌栽培地的研究结果一致。主要是由于草灌混播的草地利用灌木、草本的不同株高和根系分布深度不同的特点使空间得到合理高效配置，时间上使同一土地不同层次的光热、养分和水分等生态因子充分利用，将短周期的牧草和长周期的灌木结合可以高效利用环境资源，使不可储存的光热资源得到最大限度利用，生物产量保持较长时间的稳定。

　　干旱半干旱地区土壤水分是限制植物生长的主要因素，降雨以及植被生长发育特性都会对土壤水分的季节和垂直变化产生影响。研究区7月份有大量较为集中的降雨出现，降雨首先渗入表层，使土壤水分含量急剧增加，雨后温度升高，大量的地面蒸发和植物蒸腾吸收以及在重力和毛细管力的作用下，水分向下层土壤运动，使表层土壤含水量急剧减少变化显著（姚敏娟，2007）。10月份气温下降，地表蒸发和蒸腾有所减少，土壤水分含量增加。不同人工草地0～10 cm层土壤水分含量明显比10～30 cm层土壤含水量低（图11.27），主要由于研究区气候干燥，降雨量少，太阳辐射强烈，蒸散较大，致使草地群落表层土壤含水量较低。不同人工草地土壤含水量随深度增加而增大。20～30 cm层灌丛和草灌混播草地的土壤含水量较高，这与赵鹏宇和徐学选（2012）发现的黄土丘陵区多次降雨补充下草灌地土壤水分变化规律相符。在降雨量300 mm左右的情况下，0～100 cm土层平均含水量草灌地（18.5%～19.6%）高于草地（15.6%～17.5%），与草被相比灌木能更好地接纳雨水，增加土壤水分，提高黄土区深层储水能力。在高吸力段或者低水势段，草灌混播的草地土壤释水和储水性能优于单一草种草地，草灌混播草地的土壤水分利用率高，这样在降水少蒸发强烈的黄土高原干旱区，草灌混播草地较单播草地不易受到干旱的威胁。潘德成等（2014）在研究阜新煤矿区排土场生态重建时也提出排土场覆土平台应以草本和浅根灌木相结合为主，可以使各层土壤水分达到最佳利用效果。

　　不同人工草地地上生物量和土壤水分基本呈负相关（表11.11）。草灌混播草地的土壤水分和地上生物量的相关性低于单一草种草地，说明单一草种草地的产量更易受到土壤水分的影响。这与赵景波等（2012）的研究结果一致。不同人工草地上层0～10 cm土壤含水量与地上生物量的相关性基本高于20～30 cm层土壤含水量与地上生物量的相关性，主要根系集中分布在表层，因为植物的利用，土壤肥力较好，有利于水分保持。

　　土壤入渗性能是描述土壤入渗快慢极为重要的参数之一。土壤入渗性能越好，越有利于土壤水分的储存。不同的植被恢复模式对土壤的入渗性能影响不同，所以分析不同恢复模式下土壤入渗性能对土地合理利用和植被科学恢复有重要的指导意义。草灌混播的样地地上生物量大，能够为土壤提供更丰富的枯落物，有机质归还量大，土壤团聚体结构稳定，容重小，土壤疏松，孔隙度大，透水透气性好，入渗性能较好。研究区降雨少,且多为短历时降水,土壤初始入渗速率越大,降水产生的地表径流越少,土壤拦蓄的降水就越多,这对干旱地区的植被生长非常重要。不同人工草地土壤的稳定入渗速率明显小于初始入渗速率,一方面是因为表层土壤含水量低,遇水快速湿润过程中土壤团聚体迅速膨胀崩解,加之原状土表面细颗粒的堵塞,土壤孔隙度和孔隙连通性变差,透水的物理孔隙减少,造成稳定入渗率明显减少;另一方面,排土场下层土壤密实,容重大,研究发现土壤入渗速率和容重呈显著负相关(霍小鹏等,2009),所以下层土壤入渗性能差也会导致稳定入渗速率偏低。整个入渗过程中灌木和草灌混播样地的土壤入渗速率比单一草种的草地高,说明草灌混播更能提高土壤的入渗性能。赵洋毅和段旭(2014)在喀斯特石漠化地区的研究结果与本文类似,由于土层薄、水分含量低,与矿区排土场土壤条件相似。因此,建议矿区排土场的新土体植被恢复应以灌草结合为主,有利于土壤水分保持和植被生长。

草灌混播草地的土壤初始入渗速率高,可以增加土壤含水量和表层土壤储水量,草灌混播草地的地上生物量同土壤水分的相关性较单播草地弱,使得草灌混播草地能更好适应环境,不易受到干旱威胁,保证植物的正常生长。因此矿区排土场新土体改良和植被恢复建设应以草灌混播人工草地为主,有利于土壤水分的维系和植被生长的可持续。

参 考 文 献

卞相玲, 仲崇谠, 刘景涛, 等. 2003. 几种林分土壤入渗性能的研究[J]. 山东林业科技, 48(6): 15-16

陈浩, 蔡强国. 1990. 坡度对坡面径流深、入渗量影响的试验研究//晋西黄土高原土壤侵蚀规律实验研究论文集[M]. 北京: 水利电力出版社: 17-25

陈洪松, 邵明安, 王克林. 2006. 土壤初始含水率对坡面降雨入渗及土壤水分再分布的影响[J]. 农业工程学报, 22(1): 44-47

陈瑶, 张科利, 罗利芳, 等. 2005. 黄土坡耕地弃耕后土壤入渗变化规律及影响因素[J]. 泥沙研究, (5): 45-50

程金花, 张洪江, 史玉虎, 等. 2007. 长江三峡花岗岩地区优先流对渗流和地表径流的作用[J]. 水土保持通报, 27(2): 18-23, 42

丁文峰, 张平仓, 任洪玉, 等. 2007. 秦巴山区小流域水土保持综合治理对土壤入渗的影响[J]. 水土保持通报, 27(1): 11-14

范春梅, 廖超英, 李培玉, 等. 2006. 放牧强度对林草地土壤物理性状的影响——以黄土高原丘陵沟壑区为例[J]. 中国农业科学, 39(7): 1501-1506

费良军, 谭奇林, 王文焰, 等. 1999. 充分供水条件下点源入渗特性及其影响因素明[J]. 土壤侵蚀与水土保持学报, 5(2): 70-74

冯绍元, 丁跃元, 姚彬. 1998. 用人工降雨和数值模拟方法研究降雨入渗规律[J]. 水利学报, (11): 18-21

傅涛. 2002. 三峡库区坡面水土流失机理与预测评价建模[D]. 西南农业大学博士论文, 33-35

高前兆, 李小雁, 苏德荣. 2002. 水资源危机[M]. 北京: 化学工业出版社: 1-50

郭忠升, 吴钦孝, 任锁堂. 1996. 森林植被对土壤入渗速率的影响[J]. 陕西林业科技, 8(3): 27-31

黄昌勇. 2000. 土壤学[M]. 北京: 农业出版社.

黄冠华, 詹卫华. 2002. 土壤水分特性曲线的分形模拟[J]. 水科学进展, 13(1): 55-60

黄明斌, 李玉山, 康绍忠. 1999. 坡底单元降雨产流分析及平均入渗速率计算[J]. 土壤侵蚀与水土保持学报, 5(1): 63-68

霍小鹏, 李贤伟, 张健, 等. 2009. 川西亚高山不同植被类型土壤储水与入渗性能试验[J]. 中国水土保持科学, 7(6): 74-79

贾志军, 王小平. 2002. 黄土表面结皮对夏闲坡耕地土壤水分的影响研究[J]. 中国水土保持, (9): 18-19

江忠善, 宋文经, 李秀英. 1983. 黄土地区天然降雨雨滴特性研究[J]. 中国水土保持, (3): 32-36

蒋定生. 1997. 黄土高原水土流失治理模式[M]. 北京: 中国水利水电出版社

蒋定生, 黄国俊. 1986. 黄土高原土壤入渗速率的研究[J]. 土壤学报, 23(4): 299-305

蒋定生, 范兴科, 黄国俊. 1990. 黄土高原坡耕地水土保持措施效益评价试验研究: I. 坡耕地水土保持措施对降雨入渗的影响[J]. 水土保持学报, 4(2): 1-9

蒋定生, 黄国俊, 谢永生. 1984. 黄土高原土壤入渗能力野外测试[J]. 水土保持通报, (4): 7-9

康绍忠, 张书函, 聂光镛, 等. 1996. 内蒙古敖包小流域土壤入渗分布规律的研究[J]. 土壤侵蚀与水土保持学报, 2(2): 38-46

来剑斌, 罗毅, 任理. 2010. 双环入渗仪的缓冲指标对测定土壤饱和导水率的影响[J]. 土壤学报, 47(1): 19-25

雷廷武. 2003. 坡式土体入渗率的测试装置: 中国专利, ZL 03 2 00405. 2[P]

雷廷武, 刘汗, 潘英华, 等. 2005. 坡地土壤降雨入渗性能的径流-入流-产流测量方法与模型[J]. 中国科学(D辑: 地球科学), 35(12): 1180-1186

雷廷武, 潘英华, 刘汗, 等. 2006. 产流积水法测量降雨侵蚀影响下坡地土壤入渗性能[J]. 农业工程学报, 22(8): 7-10

雷廷武, 毛丽丽, 李鑫, 等. 2007. 土壤入渗性能的线源入流测量方法研究[J]. 农业工程学报. 23(1): 1-5

雷廷武, 张婧, 王伟, 等. 2013. 土壤环式入渗仪测量效果分析[J]. 农业机械学报, 44(12): 99-104

雷志栋, 杨诗秀, 谢森传. 1988. 土壤水动力学[M]. 北京: 清华大学出版社, 77-130

李广文, 冯起, 张福平, 等. 2014. 祁连山八宝河流域典型草地土壤入渗特征[J]. 干旱区农业研究, 32(1): 60-65

李明思, 康绍忠, 孙海燕. 2006. 点源滴灌滴头流量与湿润体关系研究[J]. 农业工程学报, 22(4): 32-35

李智广. 2005. 水土流失测验与调查[M]. 北京: 中国水利水电出版社

廖松, 王燕生, 王路. 1991. 工程水文学[M]. 北京: 清华大学出版社, 31-36

林代杰, 郑子成, 张锡洲, 等. 2010. 不同土地利用方式下土壤入渗特征及其影响因素[J]. 水土保持学报, 24(1): 33-36

刘继龙, 张振华, 谢恒星, 等. 2007. 烟台棕壤土饱和导水率的初步研究[J]. 农业工程学报. 23(11): 129-132

刘娜娜, 赵世伟, 杨永辉, 等. 2006. 云雾山封育草原对表土持水性的影响[J]. 草叶学报, 14(4): 338-342

刘贤赵, 康绍忠. 1997. 黄土高原沟壑区小流域土壤入渗分布规律的研究[J]. 吉林林学院学报, 13(4): 203-208

刘贤赵, 康绍忠. 1999. 降雨入渗和产流问题研究的若干进展及评述明[J]. 水土保持通报, 19(2): 57-62

吕刚, 吴祥云. 2008. 土壤入渗特性影响因素研究综述[J]. 中国农学通报, 24(7): 494-499

罗伟祥. 1990. 不同覆盖度林地和草地的径流量和冲刷量[J]. 水土保持学报, 4(1): 29-36

毛丽丽. 2005. 土壤入渗性能的线源入流测量方法研究[M]. 学士学位论文. 北京: 中国农业大学

蒙宽宏. 2006. 土壤水分入渗测定方法及影响因素[M]. 哈尔滨: 东北林业大学

潘成忠, 上官周平. 2005. 黄土区次降雨条件下林地径流和侵蚀产沙形成机制——以人工油松林和次生山杨林为例[J]. 应用生态学报, 16(9): 1597-1602

潘德成, 邓春辉, 吴祥云, 等. 2014. 矿山复垦区土壤水分时空分布对植被恢复的影响[J]. 干旱区环境与资源, 30(4): 96-100

潘英华. 2004. 物理化学调控对土壤水分运动特性的影响研究[M]. 西安: 西北农林科技大学

潘紫文, 刘强, 佟得海. 2002. 黑龙江省东部山区主要森林类型土壤水分的入渗速率[J]. 东北林业大学学报, 30(5): 24-26

任宗萍, 张光辉, 王兵, 等. 2012. 双环直径对土壤入渗速率的影响[J]. 水土保持学报, 26(04): 94-97

邵明安, 上官周平, 康绍忠, 等. 1999. 坡地水分养分动力学研究的基本思路[A]//邵明安. 黄土高原土壤侵蚀与旱地农业[C]. 西安: 陕西科学技术出版社: 3-9

苏嫄, 焦菊英, 马祥华. 2012. 黄土丘陵沟壑区主要群落地上生物量季节变化及其与土壤水分的关系[J]. 水土保持研究, 19(6): 7-12

孙蓓, 毛丽丽, 赵军, 等. 2013. 应用自动测量系统研究流量对土壤入渗性能测定的影响[J]. 中国水土保持科学, 11(2): 14-18

孙建, 刘苗, 李立军, 等. 2010. 不同植被类型矿区复垦土壤水分变化特征[J]. 干旱地区农业研究, 28(3): 54-58

王翠萍, 廖超英, 张长忠, 等. 2009. 黄土地表生物结皮对土壤储水性能及水分入渗特征的影响[J]. 干旱地区农业研究, 27(4): 54-59, 64

王富庆, 沈荣开. 1998. 新型智能土壤入渗特性实验仪[J]. 中国农村水利水电(农田水利与小水电), (10): 10-11

王国梁, 刘国彬. 2002. 黄土丘陵沟壑区植被恢复的土壤水稳性团聚体效应[J]. 水土保持学报, 16(1): 48-50

王国梁, 刘国彬, 周生路. 2003. 黄土丘陵沟壑区小流域植被恢复对土壤稳定入渗的影响[J]. 自然资源学报, 18(5): 529-535

王金满, 郭凌俐, 白中科, 等. 2013. 黄土区露天煤矿排土场复垦后土壤与植被的演替规律[J]. 农业工程学报, 29(21): 223-232

王丽, 梦丽, 张金池, 等. 2010. 不同植被恢复模式下矿区废弃地土壤水分物理性质研究[J]. 中国水土

保持, (3): 54-58

王全九, 来剑斌, 李毅. 2002. Green-Ampt 模型与 Philip 入渗模型的对比分析[J]. 农业工程学报, 18(2): 13-16

王全九, 王文焰, 吕殿青, 等. 2000. 水平一维土壤水分入渗特性分析[J]. 水利学报, (6): 34-38

王文龙, 唐克丽, 郑粉丽. 1993. 植被破坏对降雨入渗影响的入渗研究[J]. 水土保持研究, 10(1): 60-63

王文焰, 汪志荣, 王全九, 等. 2003. 黄土中 Green-Ampt 入渗模型的改进与验证[J]. 水利学报, 5: 30-34

王晓燕, 高焕文, 杜兵, 等. 2000. 用人工模拟降雨研究保护性耕作下的地表径流与水分入渗. 水土保持通报, 20(3): 23-25, 62

王燕. 1992. 黄土表土结皮对降雨溅蚀和片蚀影响的试验研究[D]. 中科院水利部西北水土保持研究所硕士学位论文

王燕生. 1992. 工程水文学[M]. 北京: 水利电力出版社

王玉杰, 王云琦, 齐实, 等. 2006. 重庆缙云山典型林地土壤分形特征对水分入渗影响[J]. 北京林业大学学报, 28（2）:73-78

王玉宽. 1991. 黄土高原坡地降雨产流过程的试验分析[J]. 水土保持学报, 5(2): 25-29

温仲明, 焦峰, 刘宝元, 等. 2005. 黄土高原森林草原区退耕地植被自然恢复与土壤养分变化[J]. 应用生态学报, 16(11): 2025-2029

吴发启, 范文波. 2005. 土壤结皮对降雨入渗和产流产沙的影响[J]. 中国水土保持科学, 3(2): 97-101

吴发启, 赵西宁, 崔卫芳. 2003a. 坡耕地土壤水分入渗测试方法对比研究[J]. 水土保持通报, 23(3): 39-41

吴发启, 赵西宁, 佘雕. 2003b. 坡耕地土壤水分入渗影响因素分析[J]. 水土保持通报, 23(1): 16-18

肖振华, 万洪福. 1998. 灌溉水质对土壤水力性质和物理性质的影响[J]. 土壤学报, 35(3): 359-366

解文艳, 樊贵盛. 2004. 土壤质地对土壤入渗能力的影响[J]. 太原理工大学学报, 35(5): 33-36

辛格. 2000. 水文系统流域模拟[M]. 赵卫民等译. 郑州: 黄河水利出版社

熊立华, 郭生练. 2004. 分布式流域水文模型[M]. 北京: 中国水利水电出版社

许明祥, 刘国彬, 卜崇峰, 等. 2002. 圆盘入渗仪法测定不同利用方式土壤渗透性试验研究[J]. 农业工程学报, 18(4): 54-58

薛绪掌, 张仁铎. 2001. 用盘式负压入渗仪数据计算土壤导水参数[J]. 水利学报, (10): 12-18

杨磊, 卫伟, 莫保儒, 等. 2011. 半干旱黄土丘陵区不同人工植被恢复土壤水分的相对亏缺[J]. 生态学报, 31(11): 3060-3068

杨永辉, 赵世伟, 雷廷武, 等. 2006. 耕作对土壤入渗性能的影响[J]. 生态学报, 26(5): 1624-1630

姚敏娟. 2007. 黑岱沟露天排土场不同植被配置对土壤水分和土壤养分影响研究[D]. 呼和浩特: 内蒙古农业大学

姚文艺, 汤立群. 2001. 水力侵蚀产沙过程及模拟[M]. 郑州: 黄河水利出版社: 1-46

姚贤良, 程云生. 1986. 土壤物理学[M]. 北京: 农业出版社

冶运涛, 伍靖伟, 王兴奎. 2007. 双套环测定土壤渗透系数数值模拟分析[J]. 灌溉排水学报, 26(03): 14-18

于东升, 史学正. 2002. 用 Guelph 法研究南方低丘缓坡地不同坡位土壤渗透性[J]. 水土保持通报, 22(1): 6-9

余新晓, 陈丽华. 1989. 人工降雨条件下入渗实验研究[J]. 水土保持学报, 3(4): 15-22

余新晓, 赵玉涛, 张志强, 等. 2003. 长江上游亚高山暗针叶林土壤水分入渗特征研究[J]. 应用生态学报, 14(1): 16-20

袁建平, 蒋定生, 文妙霞. 1999. 坡地土壤降雨入渗试验装置研究[J]. 水土保持通报, 19(1): 24-27

袁建平, 雷廷武, 郭索彦. 2001a. 黄土丘陵区小流域土壤入渗速率空间变异性[J]. 水利学报, (10): 88-92

袁建平, 张素丽, 张春燕, 等. 2001b. 黄土丘陵区小流域土壤稳定入渗速率空间变异[J]. 土壤学报, 38(4): 579-583

詹道江, 叶守译. 2000. 工程水文学[M]. 北京: 中国水利水电出版社: 33-35

张婧, 雷廷武, 张光辉, 等. 2014. 环式入渗仪测量土壤初始入渗率效果试验方法研究[J]. 农业机械学报, 45(10): 140-146

张娜, 梁一民. 2002. 黄土丘陵区天然草地地下/地上生物量的研究[J]. 草业学报, 11(2): 72-78

张春玲, 阮本清, 杨小柳. 2006. 水资源恢复的补偿理论与机制[M]. 郑州: 黄河水利出版社

张国荣, 戴秀章. 1991. 北方半干旱黄土丘陵区建立复合型草灌栽培地高产模式的研究[J]. 农业工程学报, 7(3): 101-102

张永涛, 王洪刚, 李增印, 等. 2001. 坡改梯的水土保持效益研究[J]. 水土保持研究, 8(3): 9-11

张永涛, 杨吉华, 夏江宝, 等. 2002. 石质山地不同条件的土壤入渗特性研究[J]. 水土保持学报, 16(4): 123-126

张志南, 武高林, 王冬, 等. 2014. 黄土高原半干旱区天然草地群落结构与土壤水分关系[J]. 草业学报, 23(6): 313-319

赵景波, 邢闪, 马延东. 2012. 刚察县不同植被类型的土壤水分特征研究. 水土保持通报, 32(1): 14-18

赵鹏宇, 徐学选. 2012. 黄土丘陵区多次降雨补充下草灌地土壤水分空间变化规律[J]. 干旱地区农业研究, 30(4): 9-13

赵世伟, 苏静, 杨永辉, 等. 2005. 宁南黄土丘陵区植被恢复对土壤团聚体稳定性的影响. 水土保持研究, 12(3): 27-28, 69

赵西宁, 吴发启. 2004. 土壤水分入渗的研究进展和评述[J]. 西北林学院学报, 19(1): 42-45

赵洋毅, 段旭. 2014. 滇东石漠化地区不同植被模式土壤渗透性研究[J]. 水土保持研究, 21(4): 45-49

赵颖娜, 汪有科, 马理辉, 等. 2010. 不同流量对滴灌土壤湿润体特征的影响[J]. 干旱地区农业研究, 28(4): 30-35

郑纪勇, 邵明安, 张兴昌. 2004. 黄土区坡面表层土壤容重和饱和导水率空间变异特征[J]. 水土保持学报, 18(3): 53-56

周萍, 刘国彬, 侯喜禄. 2008. 黄土丘陵区侵蚀环境不同坡面及坡位土壤理化特征研究[J]. 水土保持学报, 22(1): 7-12

周维, 张建辉. 2006. 金沙江支流冲沟侵蚀区四种土地利用方式下土壤入渗特性研究[J]. 土壤, 38(3): 333-337

朱显谟. 1998. 黄土高原国土整治"28字方略"的理论与实践, 中国科学院院刊[J], 3: 232-236

邹厚远, 关秀琦, 张信. 1997. 云雾山草原自然保护区的管理途径探讨[J]. 草业科学, 14(1): 3-4

邹厚远, 程积民, 周麟. 1998. 黄土高原草原植被的自然恢复演替及调节[J]. 水土保持研究, 5(1): 126-138

Abu-awwad A M. 1997. Water infiltration and redistribution within soils affected by a surface crust[J]. Journal of Arid Environments, 37(2): 231-242

Adam J E, Khirkham D, Nielsen D R. 1957. A portable rainfall simulator and physical measurements of soil in place[J]. Soil Science Societyof America Journal, 21(5): 473-477

Aken A O, Yen B C. 1984. Effect of rainfall intensity no infiltration and surface runoff rate[J]. Journal of Hydraulic Research, 21(2): 324-331

Al-Qinna M I, Abu-Awwad A M. 1998. Infiltration rate measurements in arid soils with surface crust[J]. Irrigation Science, 18(2): 83-89

Aneau J L J, Bricquet J P, Planchon O. 2003. Soil crusting and infiltration on steep slopes in northern Thailand[J]. Europe Journal of Soil Science, 54(3): 543-553

Assouline S, Mualem Y. 1997. Modeling the dynamics of seal formation and its effect on infiltration as related to soil and rainfall characteristics[J]. Water Resources Research, 33(7): 1527-1536

Assouline S. 2004. Rainfall-induced soil surface sealing: A critical review of observations, conceptual models and solutions[J]. Vadose Zone Journal, 3(2): 570-591

Barthès B, Azontonde A, Boli B Z, et al. 2000. Field-scale run-off and erosion in relation to topsoil aggregate stability in three tropical regions(Benin, Cameroon, Mexico)[J]. European Journal of Soil Science, 51(3): 485-495

Baunhards R L. 1990. Modeling infiltration into sealing soil[J]. Water Resources Research, 26(1): 2497-2505

Beare M H, Hendrix P F, Coleman D C. 1994. Water-stable aggregates and organic matter fractions in conventional and no-tillage soils[J]. Soil Science Society of America Journal, 58(3): 777-786

Ben-Hur M, Shainberg I, Bakker D, et al. 1985. Effect of soil texture and $CaCO_3$ content on water infiltration in crusted soil as related to water salinity[J]. Irrigation Science, 6(4): 281-294

Bird S B, Herrick J E, Wander M M, et al. 2007. Multi-scale variability in soil aggregate stability: Implications for understanding and predicting semi-arid grassland degradation[J]. Geoderma, 140(1~2): 106-118

Bodhinayake W, Si B C, Noborio K. 2004. Determination of hydraulic properties in sloping landscapes from tension and double-ring infiltrometers[J]. Vadose Zone Journal, 3(3): 964-970

Bodman G B, Colman E A. 1944. Moisture andenergy condition during down-ward entry of water into soil[J]. Soil Science Society of America Journal, 8(2): 166-182

Bouwer H. 1986. Intake rate: cylinder infiltrometer[M] //Klute A. Methods of Soil Analysis, Part 1. Physical and Mineralogical Methods-Monograph No. 9. Madison, WI: Am Soc Agron: 825-843

Bradford J M, Ferris J E, Remley P A. 1987. Interrill soil erosion processes: I. Effect of surface sealing on infiltration, runoff, and soil splash detachment[J]. Soil Science Society of America Journal, 51(6): 1566-1571

Bronick C J, Lal R. 2005. Soil structure and management: a review[J]. Geoderma, 124(1-2): 3-22

Brooks K N, Ffolliott P F, Gregersen H M, et al. 1997. Hydrology and the management of watersheds[M]. Ames: Iowa State University Press, 69-78

Carlier E. 2007. A probabilistic investigation of infiltration in the vadose zone: proposal for a new formula of infiltration rate[J]. Hydrological Processes, 21(21), 2845-2849

Castillo V, Gomez-Plaza A, Martinez-Mena M. 2003. The role of antecedent soil water content in the runoff response of semiarid catchments: a simulation approach[J]. Journal of Hydrology. 284(1-4): 115-131

Chaplot V, Le Bissonnais Y. 2000. Field measurements of interrill erosion under different slopes and plot sizes[J]. Earth Surface Processes and Landforms, 25: 145-153

Chen Q B, Qi S, Su L D. 2004. Land degradation of slope fields in hilly and gully areas of Loess Plateau[J]. Bulletin of Soil and Water Conservation, 24(1) :12-15.

Clothier B E, White I. 1981. Measurement of Sorptivity and soil water diffusivity in the field[J]. Soil Science Society America Journal, 45(2): 241-245

Cook F J, Kelliher F M, McMahon S D. 1994. Changes in infiltration and drainage during wastewater irrigation of a highly permeable soil[J]. Journal of Environmental Quality, 23(3): 476-482

Devendra C, Thomas D. 2002. Crop-animal interactions in mixed farming systems in Asia[J]. Agricultural Systems, 71(1-2), 27-40

Diamond J, Shanley T. 2003. Infiltration rate assessment of some major soils[J]. Irish Gcography, 36(1): 32-46

Dirksen C. 1975. Determination of soil water diffusivity by sorptivity measurements[J]. Soil Science Society of America Proceedings, 39(1): 22-27

Dixon R M. 1975, Design and use of closed-top infiltrometers[J]. Soil Science Society of America Journal, 39(4): 755-763

Eigle J D, Moore I D. 1983. Effect of rainfall energy on infiltration into a bare soil[J]. Transactions of the ASAE, 26(6): 189-199

Elrick D E, Parkin G W, Reynolds W D, et al. 1995. Analysis of early-time and steady state single-ring infiltration under falling head conditions[J]. Water Resources Research, 31(8): 1883-1893

Fattah H A, Upadhyaya S K. 1996. Effect of soil crust and soil compaction on infiltration in a Yolo loam soil[J]. Transactions of the ASAE, 39(1): 79-84

Foley J L, Silburn D M. 2002. Hydraulic properties of rain impact surface seals on three clay soils-influence of raindrop impact frequency and rainfall intensity during steady state[J]. Australian Journal of Soil Research, 40(7): 1069-1083

Fox D M, Bryan R B, Price A G. 1997. The influence of slope angle on final infiltration rate for interrill conditions[J]. Geoderma, 80(1~2): 181-194

Franzluebbers A J. 2002. Water infiltration and soil structure related to organic matter and its stratification with depth[J]. Soil Tillage Research, 66(2): 197-205

Ghosh R K. 1980. Modeling infiltration[J]. Soil Science, 130: 297-302

Ghosh R K. 1983. A note on the infiltration equation[J]. Soil Science, 136(6): 333-338

Grayson R B, Western A W, Chiew F H S. 1997. Preferred states in spatial soil moisture patterns: local and nonlocal controls[J]. Water Resources Research, 33(12): 2897-2908

Green, Ampt. 1911. Studies on soil phyics[J]. The Journal of Agricultural Science, 4(1): 1-24

Helalia A M. 1993. The relation between soil infiltration and effective porosity in different soils[J]. Agricultural Water Management, 24(1): 39-47

Helalia A M, Letey G J, Graham R C. 1988. Crust formation and clay migration effects on infiltration rate. Soil Science Society America Journal, 52(1): 251-255

Hillel D. 1960. Crust Formation in Lassies soils[J]. International Soil Science, 29(5): 330-33

Hillel D. 1998. Environmental Soil Physics[M], New York: Academic Press

Horton R E. 1939. Analysis of runoff-plot experiments with varying infiltration capacity[J]. Eos Transaction American Geophysical Union, 20(4): 693-694

Horton R E. 1941. An approach toward a physical interpretation of infiltration-capacity[J]. Soil science society of America Journal. 5(C): 399-417

Janeau J L J, Bricquet J P, Planchon O, et al. 2003. Soil crusting and infiltration on steep slopes in northern Thailand[J]. Europe an Journal of Soil Science, 54(3): 543-553

Jim C Y. 2003. Soil Recovery from human disturbance in tropical woodlands in Hong Kong[J]. Catena, 52: 85-103

Kostiakov A N. 1932. On the dynamics of the coefficient of water-percolation in soils and on the necessity for studying it from a dynamic point of view for purposes of amelioration. Transactions of Sixth Congress of Inter national Society of Soil Science, Russian part A, 17-21

Kutilek M. 2003. Time-dependent hydraulic resistance of the soil crust: Henry's law[J]. Journal of Hydrology, 272: 72-78

Lai J B, Luo Y, Ren L. 2010a. Buffer index effects on hydraulic conductivity measurements using numerical simulations of double-ring infiltration[J]. Soil Science Society of America Journal, 74(5): 1526-1536

Lai J B, Luo Y, Ren L. 2010b. Effects of buffer-index of double-ring infiltrometers on saturated hydraulic conductivity measurements[J]. Acta Pedologica Sinica, 47(1): 19-25

Lei T W, Liu H, Pan Y H, et al. 2006a. Run off-on-out method and models for soil infiltrability on hill-slope under rainfall conditions[J]. Science in China Series D, 49(2): 193-201

Lei T W, Pan Y H, Liu H, et al. 2006b. A run off-on-ponding method and models for the transient infiltration capability process of sloped soil surface under rainfall and erosion impacts[J]. Journal of Hydrology, 319(1): 216-226

Levy G J, Levin J, Shainberg I. 1994. Seal formation and interrill soil erosion[J]. Soil Science Society of American Journal, 58: 203-209

Levy GJ, Levin J, Shainberg I. 1997. Prewetting rate and aging effects on seal formation and interrill soil erosion 1[J]. Soil Science, 162(2): 131-139

Lewis M R, Milne W E. 1938. Analysis of border irrigation[J]. Agric Eng, 19: 267-272

Li X B, Wang X H. 2003. Change in agricultural land use in China: 1981-2000[J]. Asian Geographer, 22(1~2): 27-42

Li X Y, González A, Solé-Benet A. 2005. Laboratory methods for the estimation of infiltration rate of soil crusts in the Tabernas Desert badlands[J]. Catena, 60(3): 255-266

Mah M G C, Douglas L A, Ringrose-Voase A J. 1992. Effects of crust development and surface slope on erosion by rainfall[J]. Soil Science, 154(1): 37-431

Mamedov A I, Levy G J, Shainberg I, et al. 2001. Wetting rate and soil texture effect on infiltration rate and runoff[J]. Australian Journal of Soil Research, (36): 1293-1305

Mao L L, Lei T W, Li X, et al. 2008. A linear source method for soil infiltrability measurement and model representations[J]. Journal of Hydrology, 353: 49-58

Marshall J S, Palmer W M. 1948. The distribution of raindrops with size[J]. Journal of Meteorology, 5(4): 165-166

Mazurak A P. 1950. Effect of gaseous phase on water-stable synthetic aggregates[J]. Soil Science, 69: 135-148

Mbagwu J S C. 1995. Testing the goodness of fit of infiltration models for highly permeable soils under different tropical highly permeable soils under different tropical soil management systems[J]. Soil and Tillage Research, 34(3): 199-205

Mcintyre D S. 1958. Permeability measurements of soil crust formed by raindrop impact[J]. Soil Science, 85: 185-189

Mein R G, Larson C L. 1973. Modeling infiltration during a steady rain[J]. Water Resources Research, 9(2): 384-394

Milla K, Kish S. 2006. A low-cost microprocessor and infrared sensor system for automating water infiltration measurements[J]. Computers and electronics in agriculture, 53(2): 122-129

Moore I D. 1981. Effect of surface sealing on infiltration[J]. Transactions of the ASAE, 24(6): 1546-1542

Morel-Seytoux H H. 1978. Derivation of equations for variable rainfall infiltration[J]. Water Resources Research, 14(4): 561-568

Morin J, Benyamini Y, Michaeli A. 1981. The effect of raindrop impact on the dynamics of soil surface crusting and water movement in the profile[J]. Journal of Hydrology, 52: 321-335

Morin J, Van Winkel J. 1996. The effect of raindrop impact and sheet erosion on infiltration rate and crust formation[J]. Soil Science Society America Journal, 60(4): 1223-1227

Moroke T S, Dikinya O, Patrick C. 2009. Comparative assessment of water infiltration of soils under different tillage systems in eastern Botswana[J]. Physics and Chemistry of the Earth, Parts A/B/C, 34(4): 316-323

Mosley M P. 1982. Subsurface flow velocities through selected forest soils, South Island, New Zealand[J]. Journal of Hydrology, 55(1): 65-92

Nestor L SY. 2006. Modeling the Infiltration Process with a Multi-Layer Perceptron Artificial Neural Network[J]. Hydrological Sciences, 51(1): 3-20

Ogden C B, Van Es H M, Schindelbeck R R. 1997. Miniature rain simulator for field measurement of soil infiltration[J]. Soil Science Society of America Journal, 61(4): 1041-1043

Orradottir B, Archer S R, Arnalds O, et al. 2008. Infiltration in Icelandic Andisols: the role of vegetation and soil frost[J]. Arctic, Antarctic, and Alpine Research, 40(2): 412-421

Perroux K M, White I. 1988. Designs for disc permeameters[J]. Soil Science Society of America Journal, 52(5): 1205-1215

Peterson A E, Bubenzer G D. 1986. Intake rate: sprinkler infiltrometer[M]//Klute A. Methods of Soil Analysis: Part 1—Physical and Mineralogical Methods, (methodsofsoilan1): 845-870

Philip J R. 1954. An infiltration equation with physical significance[J]. Soil Science, 77(2): 153-158

Philip J R. 1957a. The theory of infiltration: 1. The infiltration equation and its solution[J]. Soil science, 83(5): 345-358

Philip J R. 1957b. The theory of infiltration: 4. Sorptivity and algebraic infiltration equations[J]. Soil Science, 84(3): 257-264

Philip J R. 1958. The theory of infiltration: 5. The influence of the initial moisture content[J]. Soil Science, 84(4): 329-339

Philip J R. 1991a. Hillslope infiltration: divergent and convergent slopes[J]. Water Resources Research, 27(6): 1035-1040

Philip J R. 1991b. Hillslope infiltration: planar slope[J]. Water Resources Research, 27(1): 109-117

Philip J R. 1998. Infiltration into surface-sealed soils[J]. Water Resources Research, 34: 1919-1927

Philip J R, Farrell D A. 1964. General solution of the infiltration advance problem in irrigation hydraulics. Journal of Geophysical Research Atmospheres, 69(4): 624-631

Poesen J. 1986. Surface sealing as influenced by slope angle and position of simulated stones in the top layer of loose sediments[J]. Earth Surface Process and Landforms, 11(1): 1-10

Prieksat M A, Ankeny M D, Kaspar TC, 1992. Design for an automated, self-regulating, single-ring infiltrometer[J]. Soil Science Society of America Journal, 56(5): 1409-1411

Ruan H X, Ahuja L R, Green T R, et al. 2001. Residue cover and surface-sealing effects on infiltration numerical simulations for field applications[J]. Soil Science Society of America Journal, 65(3): 853-861

Rubin J. 1966, Theory of rainfall uptake by soil initially driver than their field capacity and its applications[J]. Water Resources Research, 2(4): 739-749

Scott H D. 2000. Soil Physics[M]. Ames: Iowa State University Press

Shukla M K, Lal R, Unkefer P E. 2003. Experimental evaluation of infiltration models for different land use and soil management systems[J]. Soil Science, 168(3): 178-191

Silburn D M, Connolly R D. 1995. Distributed parameter hydrology model (ANSWERS) applied to a range of catchment scales using rainfall simulator data I: Infiltration modelling and parameter measurement[J]. Journal of Hydrology, 172(1-4): 87-104

Singer M J, Blackard J. 1982. Slope angle-interrill soil loss relationships for slopes up to 50%[J]. Soil Science Society of America Journal, 46(6): 1270-1273

Singh R, Panigrahy N, Philip G. 1999. Modified rainfall simulator infiltrometer for infiltration, runoff and erosion studies[J]. Agricultural Water Management, 41(3): 167-175

Topp G C, Zebchuk W D. 1985. A closed adjustable head infiltrometer[J]. Canadian Agricultural Engineering, 27(2): 99-104

Van Bavel C H M. 1949. Mean weight-diameter of soil aggregates as a statistical index of aggregation[J]. Soil Science Society of American Journal, 14: 20-23

Verbist K, Torfs S, Cornelis W M. et al. 2010. Comparison of single-and double-ring infiltrometer methods on stony soils[J]. Vadose Zone Journal, 9(2): 462-475

Viessman W Jr, Lewis G L. 1995. Introduction to hydrology[M]. Indianapolis: Addison-Wesley Educational Publishers

Vitousek P M, Mooney H A, Lubchenco J, et al. 1997. Human domination of earth's ecosystems. Science, 277: 494-499

Walsh E, Mcdonnell K P. 2012. The Influence of Measurement Methodology on Soil Infiltration Rate[J]. International Journal of Soil Science, 7(4): 168-176

Wang W, Zhang J. 1991. Research on Field Soil Water Penetration Testing Device[J]. Journal of Soil and Water Conservation, 5(4): 38-44

Wilkins R J, Garwood E A. 1985. Effects of treading, poaching and fouling on grassland production and utilization//Frame J. Grazing, British Grassland Society Occasional Symposium, 19: 19-31

Woreka B B. 2004. Evaluation of soil erosion in the Harerge region of Ethiopia using soil loss models, rainfall simulation and field trials[D]. University of Pretoria, Pretoria, Azania. 83-107

Wu R G, Tiessen H. 2002. Effect of Land Use on Soil Degradation in Alpine Grassland Soil, China[J]. Soil Science Society of America Journal, 66(5): 1648-1655

Zhang G S, Chan K Y, Oates A, et al. 2006. Relationship between soil structure and runoff/soil loss after 24 years of conservation tillage[J]. Soil Tillage Res, 65: 45-51